高等职业院校教学改革创新示范教材·数字媒体系列

Dreamweaver CS6
网页设计与制作案例教程
（第3版）

邢彩霞　高艳云　主编

U0282731

电子工业出版社·

Publishing House of Electronics Industry

北京·BEIJING

内 容 简 介

本书从零起步，注重理论与实战相结合，以"项目引领"、"任务驱动"的形式，以"乐途网"的创建为主线，应用 Dreamweaver CS6 的主要功能，以实战的方式，系统、完整地创建了旅游网站，并对网站进行了测试和发布。

全书共分为 12 个项目，全面、详细地介绍了网页设计基础知识、HTML 语言简介、站点的创建与管理、表格的应用、文本和图像的应用、模板与库的应用、多媒体的应用、在网页中创建超级链接、框架的应用、AP Div 与行为的应用、网站测试与发布等网页设计与制作的相关知识。

本书由浅入深、循序渐进、结构清晰、图文并茂，对初学者和有一定网页制作基础者都大有裨益，可作为高职高专院校、社会培训机构的教材，也可作为网页设计爱好者的自学用书。

图书在版编目（CIP）数据

Dreamweaver CS6 网页设计与制作案例教程/邢彩霞，高艳云主编. —3 版. —北京：电子工业出版社，2016.2

高等职业院校教学改革创新示范教材. 数字媒体系列

ISBN 978-7-121-28130-3

Ⅰ. ①D… Ⅱ. ①邢… ②高… Ⅲ. ①网页制作工具－高等职业教育－教材 Ⅳ. ①TP393.092

中国版本图书馆 CIP 数据核字（2016）第 024807 号

策划编辑：左　雅
责任编辑：左　雅　　文字编辑：薛华强
印　　刷：三河市兴达印务有限公司
装　　订：三河市兴达印务有限公司
出版发行：电子工业出版社
　　　　　北京市海淀区万寿路 173 信箱　邮编　100036
开　　本：787×1 092　1/16　印张：16.5　字数：422.4 千字
版　　次：2009 年 1 月第 1 版
　　　　　2016 年 2 月第 3 版
印　　次：2023 年 1 月第 13 次印刷
定　　价：35.00 元

前　言

Dreamweaver 不仅能帮助初学者迅速成长为网页制作高手，而且为专业设计师提供了强大的开发工具和无穷的创作灵感。因此 Dreamweaver 备受业界人士的推崇，在众多专业网站和企业应用中都将其列为首选工具。

本书在内容上力求突出实用、简单生动的特点。通过本书的学习，读者对网页制作软件 Dreamweaver CS6 将有全面的了解，并能掌握 Dreamweaver CS6 的各种操作，设计制作出满意的网页。

本书作为高职高专教学用书，是根据当前高职高专学生和教学环境的现状，结合职业需求，采用"工学结合"的思路，以"项目引领"、"任务驱动"的形式，在 Dreamweaver CS6 的环境中，从开始创建站点，到网站中每个网页的制作，一步步地引领学生完成整个网站的设计与制作。

全书共分为 12 个项目，项目 1 介绍网页设计及 HTML 的基础知识；项目 2 介绍 Dreamweaver CS6 的功能、工作界面及站点的创建和管理；项目 3 介绍表格创建、编辑及在网页布局中的应用；项目 4 介绍网页中的基本元素文本与图像的应用；项目 5 介绍模板的概念及创建基于模板的网页，并介绍了使用资源面板创建和编辑库项目；项目 6 介绍多媒体元素 Flash 动画、Flash 视频、Shockwave 影片、Java Applets 程序、wmv 视频插件、音乐等在网页中的应用；项目 7 介绍网页超级链接的类型及创建方法；项目 8 介绍 CSS 样式的创建及应用；项目 9 介绍框架及框架集的概念、创建及使用框架布局网页；项目 10 介绍 AP Div 及行为的概念、基本操作及应用；项目 11 介绍在网页中插入表单的方法；项目 12 介绍网站的测试与发布。

本书的每个项目分为 6 个模块：知识要点、网页展示、网页制作、知识链接、总结提升和拓展训练。各模块的内容构成如下。

知识要点——明确本项目要学习的内容、应掌握的操作技能和技巧。

网页展示——通过精美网页的展示，激发学习者的积极性，以极大的热情参与到网页设计与制作中。

网页制作——从零起步、从实战出发，一步步地引领学生应用本章知识制作"乐途网"中的一个或几个网页，步骤清晰、易于操作、真正的实战练习。

知识链接——从知识的系统性、完整性出发，全面、详细地介绍 Dreamweaver CS6 的功能及操作方法。

总结提升——通过网页制作的实战操作和系统知识的学习，再对本章的知识内容、操作技能进行概括与总结，以完善和提升所学知识及技能。

拓展训练——本模块中设计了选择、填空、简述及实践题。通过选择、填空及简述题的练习，进一步巩固理论知识、提高操作技能和技巧。在实践题中，给学习者提供了"购物网"的制作素材和操作提示，使所学知识再一次应用到实战中。

本书所使用的软件版本在 Dreamweaver CS4 的基础上升级为 Dreamweaver CS6，对网站创建和知识点都做了调整和更新。

在项目 4 的文本应用中增加了 Web 字体的使用介绍。

在项目 5 中突出了模板批量制作网页的功能，将模板提前至项目 5，批量制作"目的地"栏目页面下的子页。

在项目 6 中丰富了多媒体元素的应用，除了 FLV、Flash 动画、Java Applets、音乐等外，增加了 wmv 视频插件的使用，Shockwave 影片的使用。

在项目 7 的超级链接中增加了脚本链接，并用"关闭窗口"的实例进行了说明。

在项目 8 的 CSS 样式属性设置中，增加了"过渡"样式的设置说明。

在项目 9 中采用框架布局重新设计制作了"旅游度假"栏目页面，结合 Dreamweaver CS6 的操作方式，对框架和框架集的使用方法做了进一步的介绍。因浮动框架 iframe 在网页设计中应用广泛，所以对 iframe 内容进行了重新编排，对 iframe 的核心用法进行了说明。

在项目 10 中采用"CSS+Div"布局方式，对"酒店机票"栏目页面进行了重新的制作，对 AP Div 的基本操作进行了优化；同时增加了"行为"的使用，通过"拖动 AP 元素"、"显示-隐藏元素"、"增大/收缩效果"等案例，实现用户与网页的简单交互。

在项目 11 中丰富了表单控件的应用，增加了下拉列表等控件。

本书面向高职高专学生和广大的 Dreamweaver 爱好者，既可以作为初学者的入门教材，又可以对有一定网页制作基础的读者有所启发和帮助。本书可以作为高职高专院校的教学用书、社会培训机构的教材及网页设计爱好者的自学用书。为了方便教师教学、学生实践和自学者的使用，本书配有电子教学参考资料包，内容包括两个网站的设计与制作效果图、网页制作所需要的全部素材、教学用 PPT 课件等，请有需要的读者登录华信教育资源网（http://www.hxedu.com.cn）免费下载。

本书由邢彩霞、高艳云担任主编，冯明卿、杨冬梅担任副主编，参与编写的有秦彦国、方党生、高蕾、魏勇敢、蔡鹏、高洪涛。衷心希望每位读者从本书中获益，同时欢迎提出宝贵的意见和建议。

编　者

目 录

CONTENTS

VI

VII

VIII

IX

X

项 目 1

为网页设计作准备

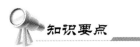
- ★ 了解网页的基础知识
- ★ 了解网页设计与布局的基本方法
- ★ 认识 HTML 语言

1.1 网页展示：在记事本中创建"苏州园林"网页

在"记事本"编辑工具中，编写 HTML（Hyper Text Mark-up Language，超文本标记语言）代码，制作"苏州园林"网页，效果如图 1-1 所示。

图 1-1 "苏州园林"网页效果

1.2 网页制作

1.2.1 启动记事本并编辑 HTML 代码

步骤 1 在 Windows 的任务栏上，选择【开始】|【所有程序】|【附件】|【记事本】命令项，打开"记事本"。

步骤 2 在"记事本"中输入 HTML 代码，如图 1-2 所示。

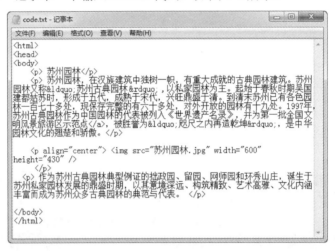

图 1-2 在"记事本"中输入 HTML 代码

制作"苏州园林"网页的 HTML 代码如下。

```
<html >
<head>
<body>
<p>苏州园林，在汉族建筑中独树一帜，有重大成就的古典园林建筑。苏州园林又称&ldquo;苏州古典园林&rdquo;，以私家园林为主。起始于春秋时期吴国建都姑苏时，形成于五代，成熟于宋代，兴旺鼎盛于清。到清末苏州已有各色园林一百七十多处，现保存完整的有六十多处，对外开放的园林有十九处。1997 年，苏州古典园林作为中国园林的代表被列入《世界遗产名录》，并为第一批全国文明风景旅游区示范点</a>，被胜誉为&ldquo;咫尺之内再造乾坤&rdquo;，是中华园林文化的翘楚和骄傲。</p>
<p align="center"> <img src="苏州园林.jpg" width="600" height="430" />
</p>
<p>作为苏州古典园林典型例证的拙政园、留园、网师园和环秀山庄，诞生于苏州私家园林发展的鼎盛时期，以其意境深远、构筑精致、艺术高雅、文化内涵丰富而成为苏州众多古典园林的典范与代表。</p>
</body>
</html>
```

1.2.2　保存文件并预览网页

步骤 1　在"记事本"中执行【文件】|【保存】菜单命令，如图 1-3 所示。

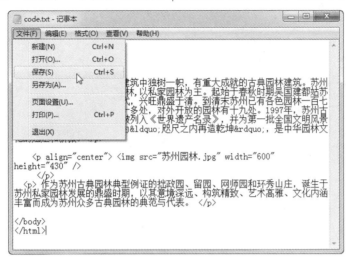

图 1-3　执行"保存"文件命令

步骤 2　在弹出的【另存为】对话框中，将文件存储在路径"D:\ch1\"下，命名为 code.txt，如图 1-4 所示，单击"保存"按钮。

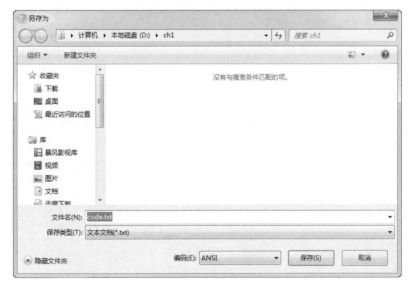

图 1-4　【另存为】对话框

步骤 3　再执行【文件】|【另存为】菜单命令，将文件存储在路径"D:\ch1\"下，命名为 code.html，单击"保存"按钮。

步骤 4　打开文件夹 ch1，选择文件 code.html，单击鼠标右键，在快捷菜单中选择【打开】命令，如图 1-5 所示，可以浏览"苏州园林"网页。

图1-5　打开"苏州园林"网页

1.3　知识链接

Internet 是一个集各部门、各领域内各种信息资源为一体的信息资源网。它是一个庞大的、实用的、可共享的、全球性的信息源。Internet 上有着大量的不同种类、不同性质的信息资料库，如学术信息、科技成果、产品数据、图书馆书刊目录、文学作品、新闻、天气预报，以及各种各样不同专题的电子论坛等。

网络上存放信息和提供服务的地方就是网站，一个成功的网站离不开内容丰富、绚丽多彩的一张张网页。学习网页制作的相关基础知识，是一个成功的网页设计和制作者的第一步。

1.3.1　网页基础知识

▶ 1. Web 标准简介

网页的标准——Web 标准。

Web 是基于 Internet 的分布式信息系统，它没有中央控制或管理，是由遍布全球的不同计算机上的大量文档集合而成的，每天都有成千上万的网页增加到 Web 的信息海洋中。

网页主要由三部分组成：结构（Structure）、表现（Presentation）和行为（Behavior）。用一本书来比喻，一本书分为篇、章、节和段落等部分，这就构成了一本书的"结构"，

4

而每种组成部分用什么字体、什么字号、什么颜色等，就称为这本书的"表现"。由于传统的图书是固定的，不能变化的，因此它不存在"行为"。

在一个网页中，同样可以分为若干组成部分，包括各级标题、正文段落、各种列表结构等，这就构成了一个网页的"结构"。每种组成部分的字号、字体和颜色等属性就构成了它的"表现"。网页和传统媒体不同的一点是，它是可以随时变化的，而且可以和读者互动，因此如何变化以及如何交换，就称为它的"行为"。

因此，概括来说，"结构"决定了网页"是什么"，"表现"决定了网页看起来是"什么样子"，而"行为"决定了网页"做什么"。"结构"、"表现"和"行为"分别对应于三种常用的技术，即（X）HTML、CSS 和 JavaScript。也就说，（X）HTML 决定了网页的结构和内容，CSS 设定了网页的表现样式，JavaScript 控制了网页的行为。"结构"、"表现"和"行为"的关系如图 1-6 所示。

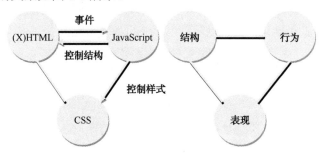

图 1-6 "结构"、"表现"和"行为"的关系

2．Internet

"Inter"意即交互，"net"意即网络，Internet 称为国际互联网络。Internet 的功能主要有以下几个方面。

- 信息的获取与发布（WWW）。
- 电子邮件（E-mail）。
- 网上交际（BBS、新闻组、即时通信、网络电话等）。
- 电子商务与网上办公。
- Internet 的其他应用（远程教育、远程医疗、远程登录、文件传输、游戏娱乐等）。

3．WWW

WWW 是 World Wide Web 的缩写（简称 Web），中文名称为互联网或者万维网。WWW 计划是由 Tim.Berners.Lee（蒂姆·伯纳斯·李）在欧洲量子物理实验室的时候开始使用的。

互联网是在 Internet 上运行的，覆盖全球的多媒体信息系统，并且提供了在 Internet 上的一种非常有效的浏览、检索及信息查询的方式。用户可以通过网页中的超级链接在各网页之间转换，甚至可以在服务器之间回传信息互动交流，即"网上冲浪"。

4．IP 地址

连接网络的计算机都有类似于电话号码的地址，通常称之为 IP 地址。接入互联网的计算机必须有一个全球唯一的 IP 地址，IP 地址可以看作计算机入网的"身份证号"，也用于网络通信时准确地定位和标识计算机。

每个 IP 地址用 4 个字节表示。例如，某单位的 Web 服务器的地址 210.35.24.11，每个字节用十进制表达，用点隔开，每个数字范围是介于 0～255 之间的。IP 地址从网络规模上区分，可以分为 A、B、C 三大类。

（1）A 类地址格式。A 类地址的网络 ID 仅用一个字节（第 1 位必须是 0）表示，因此全球仅有 128 个此类地址，此类地址的网络主机数量可以达到约 16 777 214 台，此类地址目前基本在美国使用，如图 1-7 所示。

网络ID（第1个字节）	主机ID（第2、3、4个字节）

图 1-7　A 类地址格式

（2）B 类地址格式。B 类地址的网络 ID 用两个字节（第 1、2 位必须是 10）表示，因此全球有 16 384 个此类地址，此类地址的网络主机数量可达约 65 534 台，如图 1-8 所示。

网络ID（第1、2个字节）	主机ID（第3、4个字节）

图 1-8　B 类地址格式

（3）C 类地址格式。C 类地址的网络 ID 用三个字节（第 1、2、3 位必须是 110）表示，因此全球有 419 万个此类地址，此类地址的网络主机数量可达 254 台，此类地址基本被分配在全世界各地使用，如图 1-9 所示。

网络ID（第1、2、3个字节）	主机ID（第4个字节）

图 1-9　C 类地址格式

5．URL

统一资源定位符 URL 是 Uniform/Universal Resource Locator 的缩写，也被称为网页地址，是 Internet 上标准的资源的地址（Address）。超文本链接制作的网页间的跳转都使用 URL 来定位，以保证链接可以正确跳转到目标网页。

6．域名

域名是 Internet 上某一台计算机或计算机组的名称。通过服务器把主机的域名和 IP 地址对应起来，就比较容易通过域名访问网上的主机了。

域名系统采用类似倒过来的"树"形式进行管理，网络中的计算机通过访问域名服务器查找到该主机的 IP 地址，方可访问该主机，如图 1-10 所示。

7．Browser

浏览器 Browser 是应用于互联网的客户端浏览程序。用于向互联网上的服务器发送各种请求，并对从服务器发来的超文本信息和各种多媒体数据格式进行解释、显示和播放。常见的浏览器包括 Internet Explorer、Opera、Firefox、Maxthon 等。

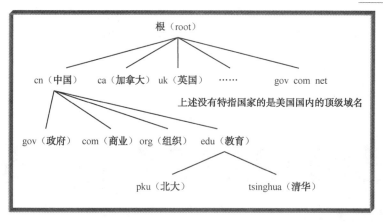

图 1-10　网络域名的结构图

8. FTP

FTP（File Transfer Protocol）称为文件传送协议。通过该协议，在 Internet 上可以完成两台计算机之间的文件传输。从远程服务器获取文件至自己的计算机，称为"下载"文件；将文件从自己的计算机传送至远程服务器，称为"上传"文件。

9. 服务器

服务器是专指某些高性能计算机，具有固定 IP 地址，能够通过网络，对外提供服务和信息，用户通过服务器才能获得丰富的网络共享资源。

服务器可以分为 Web 服务器、E-mail 服务器、FTP 服务器等。也可以只用一台计算机来同时实现 Web 服务器、E-mail 服务器、FTP 服务器等服务器的功能。相对于普通个人计算机来说，服务器在稳定性、安全性、性能等方面都要求更高。通常，服务器的硬件配置都比较高。

1.3.2　网页的设计与布局

1. 认识网页与网站

网页（Web Page）实际上是一个文件，网页通过网址（URL）来识别与存取，在浏览器中输入一个网址后，浏览器显示出来的就是一个网页。

网站（Web Site）是网页的集合，一个网站可以由一个或多个网页构成，当浏览者登录一个网站后，浏览器显示的第一个页面称为首页（Home Page），如图 1-11 所示的是新浪（sina）网的首页。

按照网页的表现形式可将网页分为静态网页和动态网页。

静态网页：HTML 格式的网页通常被称为"静态网页"，静态网页没有数据库的支持，制作方法简单易学，但缺乏灵活性。

动态网页：动态网页一般以数据库技术为基础，使用 ASP.NET、PHP 和 Java 等程序生成，制作方法比 HTML 语言稍难。采用动态网页技术可以实现更多的功能，如用户注册、用户登录、在线调查、用户管理、订单管理，等等。

图1-11　新浪首页

静态网页和动态网页不是以网页中是否包含动态元素区分的，而是针对客户端与服务器端是否发生交互而言，不发生交互的是静态网页，发生交互的是动态网页。从网站浏览者的角度来看，无论是动态网页还是静态网页，都可以展示基本的文字和图片信息，但从网站开发、管理、维护的角度来看就有很大的差别。

静态网页的每个网页都有一个固定的URL，网页内容一经发布到网站服务器上，无论是否有用户访问，都将保存在服务器上，即每个网页都是一个独立的文件；动态网页实际上并不是独立存在于服务器上的网页文件，只有当用户请求时，服务器才返回一个完整的网页。

动态网站也可以采用动静结合的原则，适合采用动态网页的地方用动态网页。如果必须使用静态网页，则可以考虑用静态网页的方法来实现。在同一个网站上，动态网页内容和静态网页内容同时存在也是很常见的事情。

2．网页主题

网页主题是网站需要表示的主要内容，在确定网页主题时要尽量简单，一目了然，但是网页的特色不可缺乏。在目标明确的基础上，完成网站的构思创意即总体设计方案。对网站的整体风格和特色作出定位，规划网站的组织结构，如图1-12所示是运动主题的网页。

一个网站的主题首先要鲜明，不要求网站内容包罗万象，但是必须找到息息相关的内容，作出特色，这样才能给用户留下深刻的印象。为了做到主题鲜明突出，要点明确，应该按照用户的要求，以简单明确的语言和画面体现站点的主题。如图1-13所示是音乐主题的网页。

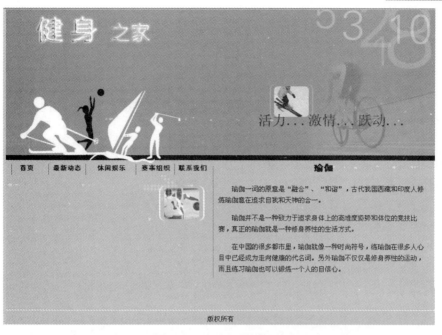

图 1-12　运动主题的网页

图 1-13　音乐主题的网页

3．网站命名和标志

网站的命名是重中之重，网站名称与其说是一个商标，不如说是一个企业精神的缩略语，是一个网站拥有的永久性精神财富。网站命名要在网站定位准确和清晰的前提下进行，一定要突出主题，这是企业网站给客户和浏览者的第一印象。

网站标志（LOGO）代表了公司或企业的图形形象，其作用至关重要，一个好的 LOGO

不仅能醒目地展示企业形象，更能在众多的网站中脱颖而出。如图1-14所示为一些成功网站的著名LOGO。

图1-14 LOGO展示

网站标志应具备的基本成分包括以下几个方面。

● 符合国际标准，即符合LOGO的国际标准规范。为了便于Internet上传播信息，一个统一的国际标准是需要的。实际上已经有了这样的一整套标准。

● 精美、独特。

● 与网站的整体风格相融。

● 能够体现网站的类型、内容和风格。

● 在最小的空间尽可能地表达出整个网站、公司的创意和精神等。

4．网页的色彩

色彩作为视觉信息，具有强烈的知觉力、辨别力、象征力和冲击力。色彩无时无刻不在影响着人们的生活，不同的颜色有着不同的含义，给人各种丰富的感觉和联想，如下所述。

● 红色：热情、奔放、喜悦、庄严。

● 蓝色：天空、清爽、神秘、知性。

● 绿色：植物、生命、生机。

● 紫色：浪漫、富贵。

● 黄色：高贵、富有、灿烂、活泼。

● 黑色：严肃、夜晚、沉着。

● 灰色：庄重、沉稳。

● 白色：纯洁、简单、洁净。

色彩是网页设计的要素之一，在网页中最持久的元素就是色彩，失去了色彩，人们会失去浏览和娱乐的快乐心情。对色彩的搭配没有明确的限制，可以基于色相和色调配色，也可以基于情感配色，可以运用重点突出、和谐均衡的配色方法，力求达到良好的整体效果。

框架色彩是决定网站色彩风格的主要因素，不论插图和网络广告如何更换，最初和最终给浏览者留下深刻印象的就是框架色彩。网站的色彩风格有着惊人的魅力和强烈的识别功能，如图1-15所示为搜狐网的黄色框架结构。

红色是一种鲜艳、热烈、瑰丽的颜色，充满热情动感而给人勇气、信念和活力，与热情奔放相联系。鲜红色给人一种强烈震撼的感觉，使浏览者体验到这个网站富有热情并且气氛热烈，如图1-16所示。

图 1-15　搜狐网的黄色框架结构

图 1-16　红色为主色调的网站

　　橙色给人温暖的能量感,虽然没有红色那样热情,也没有黄色那样充满力量,但却让人们感觉到一种温馨。橙色是充满活力和具有激情的颜色,适用于视觉要求较高的时尚网站,显得个性十足,如图 1-17 所示。

　　绿色能使心情变得格外明朗,具有清新、平静、安逸、和平、柔和、春天、青春、升级的心理感受。绿色常用于与健康相关的网站,或用于公关或教育网站,如图 1-18 所示。

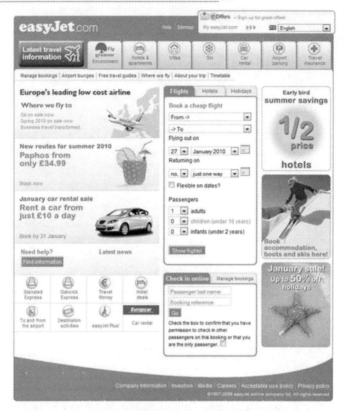

图 1-17　橙色为主色调的网站

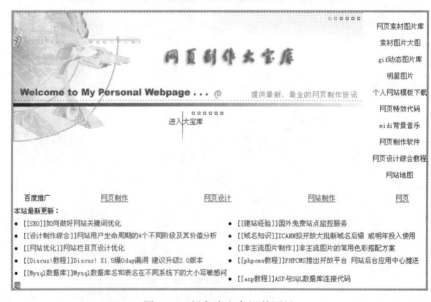

图 1-18　绿色为主色调的网站

　　蓝色是冷色调最典型的代表色，具有较强的扩张力，表达了无限、深远、理智、朴实、稳重、沉静、和平、淡雅、洁净的多种感觉，是令人心境畅快的颜色。蓝色给人很强烈的安定感，是许多人钟爱的颜色，也是网站设计中运用最多的颜色，网页效果如图 1-19所示。

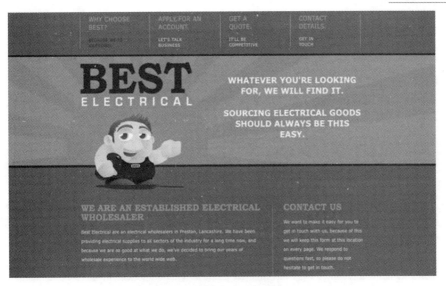

图 1-19　蓝色为主色调的网站

灰色是一种中立性的色彩，具有中庸、平凡、温和、谦让、中立和高雅的心理感受。灰色是经久不衰，最耐看的颜色。灰色可以和任何色彩搭配，是极简主义网站设计的首选色彩。黑、白、灰搭配的网页，别具匠心，给人自然、清新、高洁和知性的感觉，如图 1-20 所示。

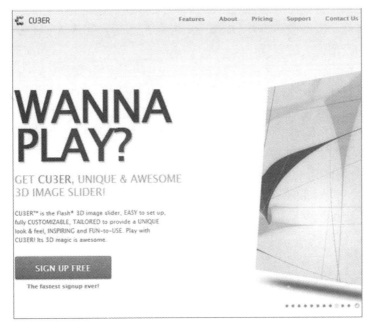

图 1-20　灰色为主色调的网站

通常看到的网站多以白色为背景，但有关 NBA 的大型体育网站却选用了黑灰色为主色，突显了 NBA 的独特个性及与众不同的大将风采，构成特色鲜明的设计风格，散发迷人的高品位的贵族气息，如图 1-21 所示。

图 1-21　黑色为主色调的网站

5. 网页中的基本元素

（1）文本。文字是最重要的网页信息载体与交流工具，网页中的主要信息一般都以文本形式为主。与图像网页元素相比，文字虽然不如图像那样容易被浏览者注意，但却能包含更多的信息，并能更准确地表达信息的内容和含义。选择合适的文字标记可以改变文字显示的属性，比如字体的大小、颜色、字体样式等，使得文字在 HTML 页面更加美观，并且有利于阅读者的浏览。

（2）图像。图像是网页的重要组成部分，与文字相比，图像更加直观、生动。图像在整个网页中可以起到画龙点睛的作用，图文并茂的网页比纯文本更能吸引人的注意力。

计算机图像格式有很多种，但在网页中可以使用的只有 JPEG/JPG、GIF 和 PNG 格式。GIF 格式可以制作动画，但最多只支持 256 色；JPEG 格式可以支持真彩色，只能为静态图像；PNG 格式既可以制作动画又可以支持真彩色，但文件大，下载速度慢。

（3）Flash 动画。用 Flash 可以创作出既漂亮又可改变尺寸的导航界面以及各种动画效果。Flash 动画文件体积小，效果华丽，还具有极强的互动效果，由于它是矢量的，所以即使放大也不会出现变形和模糊。

Flash 的源文件格式为 ".fla"，生成的用于网络上传输的文件格式为 ".swf"。

（4）超级链接。互联网上有数以百万的站点，要将众多分散的网页联系起来，构成一个整体，就必须在网页上加入链接，超级链接实现了网页与网页之间的跳转，是网页中至关重要的元素。通过超级链接可以将链接指向图像文件、多媒体文件，电子邮件地址或可执行程序。

（5）表格与框架。表格是日常办公中常见的内容，它可以使数据的显示更清晰明了。网页中的表格，除了具有显示数据的功能外，更重要的作用是进行网页页面的布局。通过表格可以将网页页面分割为多个单元，既使网页页面整齐而美观，又加快了网页的下载速度。

框架的主要功能也是为了布局页面，包含两部分：框架集和框架。框架集定义了在网页窗口中显示的框架数以及框架内的网页等；框架则是指框架集中包含的网页，也就是显示区域。框架的作用是把浏览器窗口划分为若干个区域,每个区域可以分别显示不同的网页。

(6)表单。表单是获取访问者信息并与访问者进行交互的有效方式,在网络中应用非常广泛。访问者可以在表单对象中输入信息,然后提交这些信息。表单分为文本域、复选框、单选按钮、列表/菜单等。比如制作发送电子邮件表单、制作跳转菜单和在网页中加入搜索引擎等。

6. 网页版面和布局

网页版面设计,就是以最适合浏览的方式将图片和文字排放在页面的不同位置。网页设计作为一种视觉语言,注重版面和布局。版式设计通过文字图形的空间组合,表达出和谐与美。多页面站点其页面的编排设计要求把页面之间的有机联系反映出来,特别要处理好页面之间和页面内的秩序与内容的关系。网页布局的平衡,就是构成图像的各组成部分在视觉力量上保持一种均衡稳定的状态;明晰合理的网页布局,即注重对角线、垂直、水平等构图安排,以及版面的对称与平衡,能使读者阅读起来心平气静,给人明确、清新的阅读感受,这样可以提高读者的阅读兴趣。并且制作的网页应该是主次分明,使人产生一种视觉主次关系。如图 1-22 所示为某网页的版式和布局。

图 1-22   网页版式和布局

1.3.3   HTML 简介

1. 什么是 HTML

HTML 是超文本标记语言 Hyper Text Mark-up Language 的缩写,是设计与制作网页的主要语言,目前应用最为广泛。

HTML 对 Web 页面中显示的内容的属性以标签的形式进行描述。客户端计算机的浏览器对这些描述进行解释,并将对应页面的内容正确地显示在显示器上。一个 Web 页面就是一个 HTML 文档。

2. HTML 文档的构成

HTML 文档由三大元素构成：HTML 元素、HEAD 元素和 BODY 元素。每个元素又包含各自对应的标记（属性）。HTML 元素是最外层的元素，里面包含 HEAD 元素和 BODY 元素。HEAD 元素中包含对应文档的基本信息（文档标题、文档搜索关键字、文档生成器等）描述的标记。BODY 元素是文档的主题部分，包括对网页元素（文本、表格、图片、动画、超级链接等）描述的标记。

HTML 中标记一般成对出现，如<HTML></HTML>，<P></P>等。但也有一些不成对出现，如
。

HTML 文档的结构形式如下。

```
<HTML>
<HEAD>
    页面信息的描述
</HEAD>
<BODY>
    页面信息的描述
</BODY>
</HTML>
```

标记<HTML>，使浏览器可以识别这是 HTML 文件的开头，标记</HTML>，表示 HTML 文件到此结束。

标记<HEAD>和</HEAD>之间的内容是头部信息。头部信息不会显示出来，在网页中是看不见的。

标记<BODY>和</BODY>之间的信息，"这是我的主页"就是网页的内容，将输出在浏览器中。

3. HTML 常用标记

（1）标题标记，代码如下。

```
<title>网页的标题</title>
```

该标记包含在<head>与</head>标记之间，所包含的文字将显示在浏览器的标题栏中。

（2）主体标记，代码如下。

```
<body bgcolor="网页背景颜色"background="背景图像"text="文本颜色">
    主体内容
</body>
```

该标记可以在主体中设置页面的背景颜色、背景图像、文字颜色的属性。

（3）段落标记，代码如下。

```
<p align="对齐方式">段落文本</p>
```

该标记用来划分段落，"段落文本"处即为要输入的文字。

（4）换行标记，代码如下。

```
<br>
```

该标记用来标记一个换行操作，换行前后的内容仍属于同一段落。

（5）图像标记，代码如下。

```
<img src="图像的 URL 地址"align="对齐方式"width="宽度"height="高度"alt="替换文字">
```

该标记用于在页面中插入一个指定大小的图像。

（6）超级链接标记，代码如下。

```
<a bref="目标文件的 URL 地址"target="目标属性">文本或图像</a>
```

该标记为标记中的文本或图像对象添加超级链接目标，当浏览网页时单击可以打开指定的目标文件。

（7）表格标记，包括表格标记、行标记、单元格标记。

表格标记，代码如下。

```
<table width="宽度"height="高度"align"对齐方式"border="边框宽度"cellpadding="单元格边距"cellspacing"单元格间距"> ...</table>
```

行标记，代码如下。

```
<tr>...</tr>
```

单元格标记，代码如下。

```
<td rowspan="跨越行数"colspan="跨越列数">...</td>
```

该标记由表格标记、行标记和单元格标记 3 部分组成，用于绘制和编辑表格。

实例：文本标记代码，预览效果如图 1-23 所示。

```
<HTML>
<HEAD>
    <TITLE>诗词</TITLE>
</HEAD>
<BODY>
    <h1>春晓</h1>
    <p><font size="5">春眠不觉晓，</font></p>
    <p><font size="5" face="楷体_GB2312">处处闻啼鸟，</font></p>
    <p><font size="5" face="黑体" color="red">夜来风雨声，</font></p>
    <p><font size="5">花落知多少。</font></p>
</BODY>
</HTML>
```

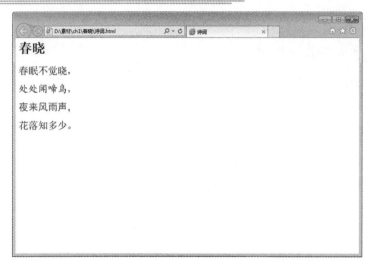

图 1-23　文本标记

1.4　总结提升

　　网站是一种新媒体，具有与传统媒体不同的特征和特性，在制作网页时，应对网站建设和网页设计有全面的了解和认识。本章介绍了网站和网页的基本概念及构成要素，网页的基础知识，网页设计和布局，并简单了解了 HTML 标记语言的相关内容。网页版式、风格与色彩设计是制作网页的关键，学习基本的规律有助于设计出更美观、实用的网站。

1.5　拓展训练

一、选择题

1. 以下颜色可以表现"高贵、富有、灿烂、活泼"的色彩表情是（　　　）。

A. 红色　　　　　　　　　B. 紫色　　　　　　　　　C. 蓝色　　　　　　　　　D. 黄色

2. 以下正确的超级链接标记是（　　　）。

A. <a bref=""> … </a>　　　　　　　　　B. <title>…</title>

C. …　　　　　　　　　D. <tr>…</tr>

3. 以下正确的"图像"标记是（　　　）。

A. <a href="">　　　　　　　　　　　B. <a src="">

C. < img src="">　　　　　　　　　　　D. <a bref="">

二、填空题

1. 常见的浏览器包括_____、_____、_____、_____等。

2. 常用的网页文件编辑工具有_____、_____、_____等。

3. HTML 是_____的缩写，

是_____语言。

三、简述题

1．网页的基本构成元素有哪些？
2．静态网页与动态网页的特点是什么？
3．简述 Web 的标准。

四、实践题

上网浏览优秀网站，如新浪（http://www.sina.com.cn/）、淘宝（http://www.taobao.com/）、梦芭莎（http://www.moonbasa.com/）等，从网页版式、配色方案和技术内容等多方面进行分析和鉴赏。

项目 2

初识 Dreamweaver CS6

知识要点

★ 了解 Dreamweaver CS6 的功能与特点
★ 了解 Dreamweaver CS6 的界面环境与功能
★ 掌握创建和管理站点的方法

2.1　网页展示：在 Dreamweaver 中创建"苏州园林"网页

启动 Dreamweaver CS6，打开表格文档"Jiangsu"，在文档窗口中输入文本并插入图片，制作"苏州园林"网页，效果如图 2-1 所示。

图 2-1　"苏州园林"网页效果

2.2　网页制作

2.2.1　创建文档并输入文本

步骤 1　双击桌面上的"Dreamweaver CS6"快捷图标，如图 2-2 所示，弹出

Dreamweaver CS6 的"欢迎窗口"。

图 2-2　"Dreamweaver CS6"快捷图标

步骤 2　在"Dreamweaver CS6"欢迎窗口中选择【新建】|【HTML】命令项，如图 2-3 所示，启动"Dreamweaver CS6"并创建新文档，默认文件名为 Untitled-1。

图 2-3　"Dreamweaver CS6"欢迎窗口

步骤 3　输入以下文本，如图 2-4 所示。

文本内容如下。

> 苏州园林
>
> 　　苏州园林，在汉族建筑中独树一帜，有重大成就的古典园林建筑。苏州园林又称苏州古典园林，以私家园林为主。起始于春秋时期吴国建都姑苏时，形成于五代，成熟于宋代，兴旺鼎盛于清。到清末苏州已有各色园林一百七十多处，现保存完整的有六十多处，对外开放的园林有十九处。1997 年，苏州古典园林作为中国园林的代表被列入《世界遗产名录》，并为第一批全国文明风景旅游区示范点，被胜誉为"咫尺之内再造乾坤"，是中华园林文化的翘楚和骄傲。
>
> 　　作为苏州古典园林典型例证的拙政园、留园、网师园和环秀山庄，诞生于苏州私家园林发展的鼎盛时期，以其意境深远、构筑精致、艺术高雅、文化内涵丰富而成为苏州众多古典园林的典范与代表。

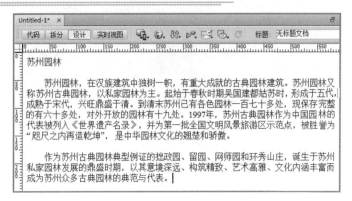

图 2-4　输入文本

2.2.2　在文档中插入图像元素并预览网页

步骤 1　将光标定位在第一段文本的下一行，选择【插入】面板中的【图像】选项，如图 2-5 所示。

步骤 2　在弹出的【选择图像源文件】对话框中选择文件，如图 2-6 所示，单击"确定"按钮。

图 2-5　【插入】面板　　　　　　　图 2-6　【选择图像源文件】对话框

步骤 3　在弹出的【图像标签辅助功能属性】对话框中，如图 2-7 所示，单击"确定"按钮；插入图像效果如图 2-8 所示。

图 2-7　【图像标签辅助功能属性】对话框

图 2-8　插入图像后的效果

步骤 4　在图像前插入空格，可以使图像居中。

步骤 5　执行【文件】|【保存】命令，保存文件。

步骤 6　单击【文档】工具栏上的"预览"按钮，网页浏览效果如图 2-1 所示。

2.3　知识链接

Dreamweaver 是在 1997 年由 Macromedia 公司推出的 Web 应用开发工具，历经多次升级。2005 年，Adobe 公司收购 Macromedia，从此，Dreamweaver 归 Adobe 所有。

Dreamweaver 不仅能帮助初学者迅速成长为网页制作高手，而且为专业设计师提供了强大的开发工具和无穷的创作灵感。因此，Dreamweaver 备受业界人士的推崇，在众多专业网站和企业应用中都将其列为首选工具。

2.3.1　Dreamweaver CS6 功能简介

Dreamweaver 是一款可视化网页设计与制作软件，用于网页的设计、编码和网站管理。在 Dreamweaver 的工作界面内既可以编写 HTML 代码制作网页，也可以在可视化编辑环境中所见即所得来完成网页制作。

1. Dreamweaver 的功能

（1）多种视图模式。Dreamweaver 提供了代码、设计和拆分 3 种视图模式。代码视图可以直接用 HTML 编写网页，能够对源代码进行精确控制；设计视图以所见即所得的方式，不必书写网页源代码，也可以制作出漂亮的网页；拆分视图是将窗口分为左右两部分，分别以代码和设计视图模式显示网页，如图 2-9 所示。

（2）对象插入功能。Dreamweaver 在插入面板中提供了常用字符、表格、框架、电子邮箱和 Flash 动画等功能按钮，单击这些按钮，可以快速完成目标对象的制作。

图2-9 "拆分"视图模式

（3）属性设置功能。Dreamweaver 提供了属性面板，可以在其中直接设置和修改对象的属性。

（4）CSS 样式设置方式。Dreamweaver 提供了 CSS 样式面板，可以在其中快速创建、查找和修改目标样式。

（5）资源管理功能。在 Dreamweaver 中建立站点后，通过资源管理面板，可以统一管理和使用站点中的资源。

（6）动态网页设计。使用 Dreamweaver 可以开发带数据库的动态网站，可以生成采用 ASP（Active Server Pages）、JSP（Java Server Pages）和 PHP（Personal Home Pages）等技术连接标准服务器的应用程序。

（7）内置大量行为。Dreamweaver 中内置了大量的行为，通过行为面板可以快速添加特殊效果，如图像载入、设置背景音乐等。

（8）网站管理功能。Dreamweaver 不仅能够编辑网页，还能够实现本地站点与服务器之间的文件同步。利用库、模板等到功能，可以进行大型网站的开发。对大型网站可以使用文件操作权限的限制，具有一定的安全保护功能。

2. Dreamweaver CS6 的新增功能

Dreamweaver CS6 是目前较新版本，新增功能如下。

（1）利用 Adobe Dreamweaver CS6 软件中改善的 FTP 性能，更高效地传输大型文件。更新的"实时视图"和"多屏幕预览"面板可呈现 HTML5 代码，使开发者能检查自己的工作。

（2）自适应网格版面。使用响应迅速的 CSS3 自适应网格版面，来创建跨平台和跨浏览器的兼容网页设计。利用简洁、业界标准的代码为各种不同设备和计算机开发项目，提高工作效率。直观地创建复杂网页设计和页面版面，无须忙于编写代码。

（3）改善的 FTP 性能。利用重新改良的多线程 FTP 传输工具节省上传大型文件的时间。更快速高效地上传网站文件，缩短制作时间。

（4）Catalyst 集成。使用 Dreamweaver 中集成的 Business Catalyst 面板连接并编辑开

发者利用 Adobe Business Catalyst（需另外购买）建立的网站。利用托管解决方案建立电子商务网站。

（5）增强型 jQuery 移动支持。使用更新的 jQuery 移动框架支持为 iOS 和 Android 平台建立本地应用程序。建立触及移动受众的应用程序，同时简化开发者的移动开发工作流程。

（6）更新的 PhoneGap 支持。更新的 Adobe PhoneGap 支持可轻松为 Android 和 iOS 建立和封装本地应用程序。通过改编现有的 HTML 代码来创建移动应用程序。使用 PhoneGap 模拟器检查开发者的设计。

（7）CSS3 转换。将 CSS 属性变化制成动画转换效果，使网页设计栩栩如生。在开发者处理网页元素和创建优美效果时保持对网页设计的精准控制。

（8）更新的实时视图。使用更新的"实时视图"功能在发布前测试页面。"实时视图"现已使用最新版的 WebKit 转换引擎，能够提供绝佳的 HTML5 支持。

（9）更新的多屏幕预览面板。利用更新的"多屏幕预览"面板检查智能手机、平板电脑和台式机所建立项目的显示画面。增强型面板能够让开发者检查 HTML5 内容呈现。

2.3.2　Dreamweaver CS6 的工作界面

启动 Dreamweaver CS6 后，首先显示欢迎界面，用户可以从中选择新建或打开文档，即可进入 Dreamweaver CS6 的工作界面，如图 2-10 所示。在 Dreamweaver CS6 工作界面中将全部元素置于一个窗口的集成布局。

图 2-10　Dreamweaver CS6 的工作界面

▶1. 标题栏

标题栏位于工作界面的最上面，左侧用来显示当前正在运行的应用程序名称，右侧为最小化、最大化（还原）和关闭按钮，如图 2-11 所示。

图 2-11　标题栏

2. 菜单栏

菜单栏位于标题栏下方，几乎所有的操作都可以通过菜单栏来完成。Dreamweaver CS6 的菜单栏包括：文件、编辑、查看、插入、修改和格式等 10 个菜单项，如图 2-12 所示。

图 2-12　菜单栏

3. 文档窗口

文档窗口用来显示当前创建或编辑的文档，可以加入任何有关的网页组件，如文本、图片和动画等。默认的文档窗口为"设计"视图，如图 2-13 所示，创建的内容"所见即所得"，极大地方便了用户；Dreamweaver 为用户提供了 3 种视图方式："代码"、"拆分"和"设计"视图。

图 2-13　"设计"视图

"文档窗口"的标题栏左侧显示文档的文件名，右侧显示了文档的路径和"还原"按钮；单击"还原"按钮，文档窗口显示效果如图 2-14 所示。

4. 工具栏

执行【查看】|【工具栏】菜单命令，在子菜单中可以选择打开【样式呈现】、【文档】和【标准】3 种工具栏，如图 2-15 所示。

图 2-14　文档窗口

【样式呈现】工具栏如图 2-16 所示，当在文档中使用依赖于媒体的样式表时，此工具栏才有用，能够查看设计在不同媒体类型中的呈现方式。

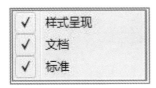

图 2-15　【查看】|【工具栏】命令子菜单　　　　图 2-16　【样式呈现】工具栏

【文档】工具栏左侧有 4 个"视图"按钮，可以将文档窗口分别切换为代码、拆分、设计和实时视图；在"标题"文本框中可以输入网页的标题；【文档】工具栏右侧提供了编辑网页时常用的功能按钮，可以在各按钮的下拉菜单中选择相应的功能；在默认状态下，Dreamweaver CS6 只显示【文档】工具栏，如图 2-17 所示。

图 2-17　【文档】工具栏

【标准】工具栏如图 2-18 所示，主要是一些常用的文件操作，如"新建"、"打开"、"保存"、"剪切"和"复制"网页文件等。

图 2-18　【标准】工具栏

5．属性面板

执行【窗口】|【属性】菜单命令，可以打开【属性】面板，如图 2-19 所示。

【属性】面板用于显示在文档窗口中选中对象的属性，在【属性】面板中可以对对象的属性直接进行设置和修改。

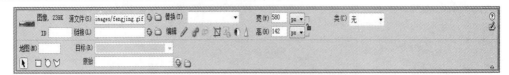

图 2-19 【属性】面板

▶6. 插入面板

执行【窗口】|【插入】菜单命令，可以打开【插入】面板，如图 2-20 所示。

▶7. 浮动面板

执行【窗口】|【执行】菜单命令，可以打开【浮动】面板，如图 2-21 所示。

浮动面板是一些工具的集合，可以将各种窗口、面板置于其中，它可以浮动于文档窗口之上，方便用户在文档和面板之间切换。

图 2-20 【插入】面板

图 2-21 【浮动】面板

▶8. 状态栏

状态栏位于文档窗口的底部，如图 2-22 所示。状态栏左侧显示的是【标签选择器】，显示当前选定标签的层次结构，如单击标签<img>可以选择图片。状态栏右侧显示一些常用的工具，如"选取"、"手形"和"缩放"工具等，以方便用户对文档的操作。另外还显示了正在创建的文档相关的信息，如当前文档窗口大小、下载文件大小/估计下载时间等。

图 2-22 状态栏

2.3.3 首选参数设置

为了使 Dreamweaver 的工作界面更个性化，在使用前可以做一些基础设置，如是否打开或关闭某提示信息框、选择默认的网页语言版本等。

启动 Dreamweaver 后，执行【编辑】|【首选参数】命令，打开【首选参数】对话框，如图 2-23 所示。

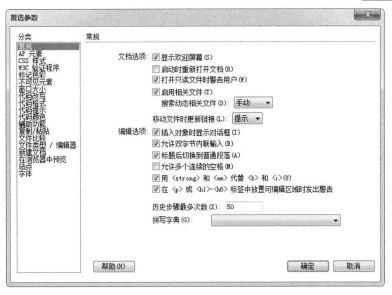

图 2-23 【首选参数】对话框

选择默认文档为 HTML，默认扩展名为".html"，默认编码为简体中文（GB2312）。默认编码可以根据需要选择，如制作英文网页可以选择 UTF—B 编码。

在【首选参数】对话框中选择"辅助功能"类别，不勾选表单对象、框架、媒体和图像这 4 项，如图 2-24 所示，单击"确定"按钮。在以后插入表单对象、框架、媒体和图像时将阻止弹出属性提示框，从而简化操作步骤。

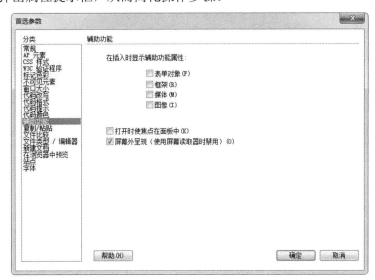

图 2-24 设置首选参数

2.3.4 文件的基本操作

1. 新建文件

方法一：在启动 Dreamweaver CS6 时，选择"欢迎窗口"中的【新建】|【HTML】命令项，可以创建新文档。

方法二：启动 Dreamweaver CS6 后，执行【文件】|【新建】菜单命令，可以创建新文档。

方法三：启动 Dreamweaver CS6 后，在【标准】工具栏上单击"新建"工具按钮 ，可以创建新文档。

2. 打开文件

方法一：在启动 Dreamweaver CS6 时，选择"欢迎窗口"中的【打开最近的项目】|【打开】命令项，可以打开文档。

方法二：启动 Dreamweaver CS6 后，执行【文件】|【打开】菜单命令，可以打开文档。

方法三：启动 Dreamweaver CS6 后，在【标准】工具栏上单击"打开"工具按钮 ，可以打开文档。

3. 保存文件

方法一：执行【文件】|【保存】菜单命令，可以保存正在创建的文档。

方法二：在【标准】工具栏上单击【保存】按钮 ，可以保存正在创建的文档。

方法三：在【标准】工具栏上单击【全部保存】按钮 ，可以同时保存正在创建的多个文档。

在 Dreamweaver CS6 中创建的新文档，系统默认的文件名是"Untitled-1"。使用 HTML 语言编写的网页为静态网页，其扩展名是".html"。使用 ASP.NET、PHP 和 Java 等程序生成的为动态网页，其扩展名为".aspx"、".php"、".jsp"等。

2.3.5 设置页面属性

制作网页时，首先需要设置文档的页面属性，包括：网页标题、背景颜色或图像、页边距，文本的字形、字体、字号和颜色等。

方法一：执行【修改】|【页面属性】菜单命令，在弹出的【页面属性】对话框中，可以设置页面的各类属性，单击"确定"按钮，完成页面属性设置，如图 2-25 所示。

图 2-25 【页面属性】对话框

方法二：单击【属性】面板上的"页面属性"按钮 ▢ 页面属性... ▢，也可以设置页面属性。

【页面属性】对话框中各类属性的含义如下。

- 外观：用于设置页面的背景颜色或图像、默认字体和页边距等。
- 链接：用于设置超级链接文本的字体、颜色和下画线样式等。
- 标题：用于重新定义 HTML 文档各级标题的格式。
- 标题/编码：用于设置在浏览器中显示的网页标题和定义当前网页字体采用的编码种类。
- 跟踪图像：用于设置图像类别，可以在设计页面时插入用作参考的图像文件。

2.3.6 创建与管理站点

1. 站点概念

站点是网站资源的存放场所，网站的所有资源都需要保存在站点内，如各级网页和其中用到的素材。站点是一个管理网页的场所，在 Dreamweaver CS6 中可以实现站点即时修改，帮助用户管理和维护整个站点的所有文档，自动更新和修复文档中的链接和路径，以及实现本地站点和远程站点文档的同步更新。

创建一个网站，不论是仅有几个简单网页的个人网站，还是包括成百上千个网页的超大网站，在设计之前都要对网站的定位、内容、形式和结构等进行合理、详尽的规划。

网站规划分为：网站的功能、栏目、结构、命名和人员规划等内容。设置网站栏目时要紧扣主题，尽量将最有价值、最近更新的内容列在显要的栏目上，并可以设置动态交互性栏目，或为访问者服务的栏目，如"问题解答"、"资源下载"等，既增强了浏览者的参与性，又使浏览者得到实质性的服务。

网站建设的系统设计方法分为：自顶向下、自底向上和不断增补三种类型。自顶向下设计方法是指先从整个网站的首页开始设计，再逐层向下设计，可以选用空网页来构筑整个网站的框架，首先设计好模板，使网站具有统一的风格。如果只对具体网页的信息内容和服务方式有所了解，不妨采用自底向上的方法，这种方法更容易实现网页个性与共性的统一。不断增补的方法实质上是一种需求驱动的设计方法，当出现新的信息服务需求时立即设计相应的页面，从而可以在较短的时间内在新网页中发布信息。

本书项目 3～项目 11 引导大家制作了"乐途网"旅游网站，页面设计新颖，色彩运用大胆，以吸引浏览者的关注和兴致。网站的系统设计采用了自顶向下的方法，页面超级链接的树形结构如图 2-26 所示。"乐途网"的首页布局采用表格的方法，分为顶部、中部和底部，为了体现 Dreamweaver CS6 强大、丰富的页面布局功能，在部分页面中也运用了层、框架、模板等布局方法。网站色彩定位为绿色，运用各种不同色阶的绿色，寓意大自然的生机盎然和倡导绿色环保出游。

2. 站点创建

站点分为远程站点和本地站点。创建一个本地站点，实质上是在本地计算机的硬盘上创建一个文件夹，并将这个文件夹定义为站点，称为站点根目录。现以"乐途网"为例，创建站点，操作步骤如下。

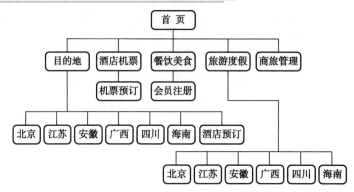

图 2-26 "乐途网"超级链接结构图

步骤 1 执行【站点】|【新建站点】菜单命令，弹出【未命名站点 1 的站点定义为】对话框，如图 2-27 所示。

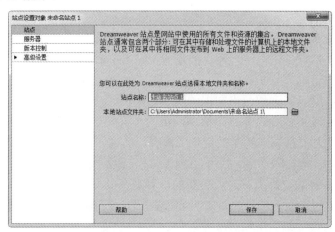

图 2-27 【未命名站点 1 的站点定义为】对话框

步骤 2 选择"基本"选项卡，并定义站点名为"letuweb"，如图 2-28 所示。

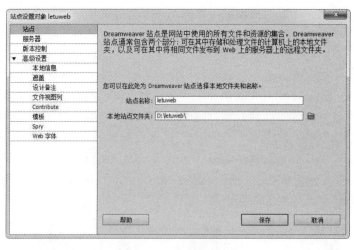

图 2-28 定义站点名

步骤 3 选择"高级设置"选项卡，弹出"基本信息"选项，设置"默认图像文件夹"为"D:\letuweb\img"，如图 2-29 所示。

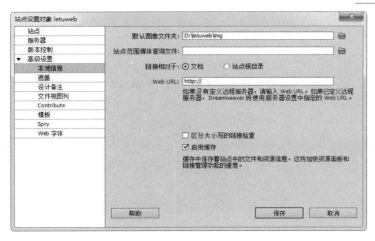

图 2-29 【站点设置对象 letuweb】对话框

步骤 4 单击"保存"按钮,在【文件】面板中可以看到已定义好的站点"letuweb",如图 2-30 所示。

图 2-30 在【文件】面板中显示站点

3. 站点管理

在 Dreamweaver CS6 中可以同时管理多个站点,但每次只能对一个站点进行操作,在【文件】面板中可以切换站点。

执行【站点】|【管理站点】菜单命令,弹出【管理站点】对话框,如图 2-31 所示。

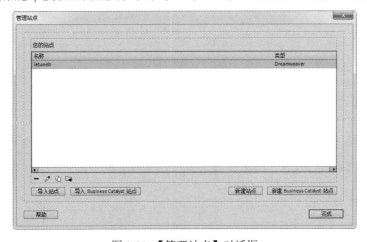

图 2-31 【管理站点】对话框

在【管理站点】对话框中，可以管理多个站点，实现对站点的创建、编辑、复制、删除、导出和导入等操作。

（1）新建站点。单击"新建"按钮，将打开【站点定义】对话框，可以创建新站点。

（2）编辑站点。单击"编辑"按钮，将重新打开所选站点的【站点定义】对话框，可以逐步修改站点属性。

（3）复制站点。单击"复制"按钮，可以复制选中的站点。复制站点功能可以省掉重复创建结构相同的站点操作，可以保持站点相似的风格，并提高工作效率。

（4）删除站点。单击"删除"按钮，将删除选中的站点。这个操作只是将站点从 Dreamweaver 中删除，网站的文件仍保留在原存储位置上，并没有被删除。

（5）导出站点。单击"导出"按钮，在弹出的【导出站点】对话框中选择需要导出的站点，如图 2-32 所示。

图 2-32 【导出站点】对话框

单击"保存"按钮，生成一个 XML 文件"letuweb.set"，如图 2-33 所示，需要时可以再次导入。

图 2-33 生成 XML 文件

（6）导入站点。单击"导入"按钮，在弹出的【导入站点】对话框中选择需要导入的站点，如图2-34所示，单击"打开"按钮，可以导入站点。

图2-34 【导入站点】对话框

2.4 总结提升

Dreamweaver CS6 是网页设计、网站开发和管理的工具，它提供了代码编辑和可视化操作两种视图，且能自由切换，是目前公认的 Web 应用开发最强大的软件。

本项目主要介绍 Dreamweaver CS6 的功能特点、操作环境，首选参数的设置、文件的基本操作等方法；站点的创建和管理是 Dreamweaver CS6 的重要功能之一，正确地设置页面属性是编辑网页的前提，掌握以上知识为使用 Dreamweaver CS6 设计制作网页和网站管理奠定扎实的基础。

2.5 拓展训练

一、选择题

1. 在 Dreamweaver CS6 中实现可视化设计方式的视图模式是（   ）。

A．代码视图 B．拆分视图 C．设计视图 D．实时视图

2. 下列文件中属于静态网页的是（   ），属于动态网页的是（   ）。

A．index.asp B．index.dcr C．index.html D．index.jpg

二、填空题

1. Dreamweaver CS6 是一款由美国的_____公司推出的集网页制作与网站管理于

一体的"所见即所得"网页编辑器。

2. 执行_____菜单命令，可以打开【首选参数】对话框；执行_____菜单命令，可以打开【页面属性】对话框。

3. 单击_____快捷键可以显示插入面板，单击_____快捷键可以显示属性面板。

三、简述题

1. Dreamweaver CS6 的新增功能有哪些？
2. 简述 Dreamweaver CS6 的工作界面由几部分组成。
3. 简述站点的创建方法。

四、实践题

在本地计算机的 D 盘上创建一个站点名为"我的地盘"，站点根目录为"myweb"的站点。在该站点中创建一个名为"个人主页"的网页，设置页面属性并输入文本，保存该网页。

常用办公工具——表格的应用

知识要点

- ★ 掌握表格的创建与编辑方法
- ★ 掌握格式化表格的方法
- ★ 认识表格和单元格的属性面板
- ★ 使用表格布局页面

3.1 网页展示：使用表格布局"乐途网"首页页面

表格是网页布局的重要工具，本书案例"乐途网"的制作主要采用表格来布局页面，其中用到了创建表格、嵌套表格、表格及单元格的编辑和格式化等操作。"首页"页面布局效果如图 3-1 所示。

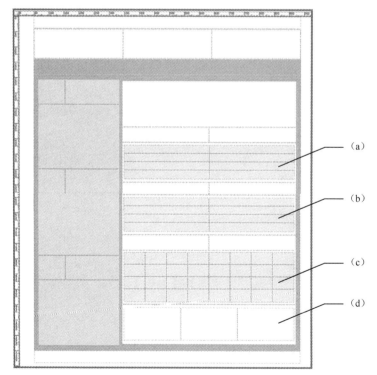

（a）表格"Table 41"效果　（b）表格"Table 42"效果　（c）表格"Table 43"效果　（d）表格"Table 44"效果

图 3-1　使用表格布局页面

3.2 网页制作

3.2.1 创建和管理站点

步骤 1 启动 Dreamweaver CS6，执行【站点】|【新建站点】菜单命令，在 D 盘上创建站点"letuweb"。

步骤 2 复制网页素材到站点"letuweb"中。

步骤 3 执行【站点】|【管理站点】菜单命令，导出站点"letuweb"，在站点中生成文件"letuweb.ste"，以备之后导入站点使用。

3.2.2 创建第一层表格"Table 1"

步骤 1 启动 Dreamweaver CS6，系统自动创建新文档，默认文件名为"Untitled-1.html"。

步骤 2 执行【文件】|【保存】菜单命令，弹出【另存为】对话框，选择站点根目录"letuweb\ch4"，并输入文件名"index"，如图 3-2 所示，单击"保存"按钮，返回文档窗口。

图 3-2 【另存为】对话框

步骤 3 在"插入"面板中选择【常用】|【表格】选项，如图 3-3 所示，执行创建表格命令。

步骤 4 在弹出的【表格】对话框中设置参数，如图 3-4 所示，单击"确定"按钮，创建一个 5 行 1 列，宽度为 890 像素的表格，效果如图 3-5 所示。

38

图 3-3 执行创建表格命令

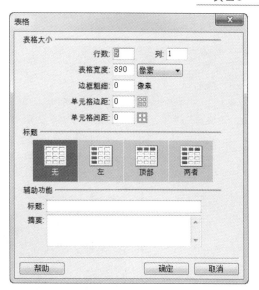

图 3-4 【表格】对话框

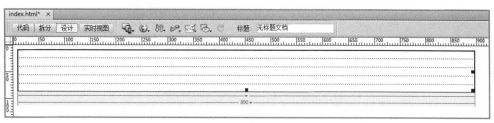

图 3-5 插入"表格"效果

步骤 5 在【表格】属性面板中输入表格 ID 为"Table 1",表格对齐方式为"居中对齐",如图 3-6 所示。

图 3-6 表格"Table 1"的参数设置

步骤 6 选择所有单元格,在【单元格】属性面板中设置单元格对齐方式为"水平、垂直居中",如图 3-7 所示。

图 3-7 单元格的参数设置

步骤 7 选择第 1 行单元格,在【单元格】属性面板中设置其高度为 40,如图 3-7 所示;用同样的方法分别设置第 2、3、4、5 行单元格的高度为:100、50、910、40。

步骤 8 选择第 3、4 行单元格,在【单元格】属性面板中设置单元格背景色为#99FF00,如图 3-8 所示,表格"Table 1"的效果如图 3-9 所示。

图 3-8　设置单元格颜色

图 3-9　表格"Table 1"效果

3.2.3　在表格"Table 1"中嵌套表格

步骤 1　选择表格"Table 1"的第 2 行单元格，在【插入】面板中选择【常用】|【表格】选项；在弹出的【表格】对话框中设置参数，如图 3-10 所示，单击"确定"按钮，创建一个 1 行 3 列，宽度为 888 像素的表格。

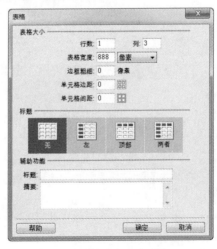

图 3-10　【表格】对话框

步骤 2 在【表格】属性面板中输入表格 ID 为 "Table 21"，表格 "Table 21" 的效果如图 3-11 所示。

步骤 3 选择表格 "Table 21" 的所有单元格，在【单元格】属性面板中设置单元格对齐方式为 "水平、垂直居中"，高度为 95。

步骤 4 用与步骤 1 同样的方法在第 4 行单元格中插入一个 1 行 2 列的表格，表格宽度为 870。

步骤 5 在【表格】属性面板中输入表格 ID 为 "Table 22"，表格 "Table 22" 的效果如图 3-12 所示。

图 3-11 嵌套表格 "Table 21"

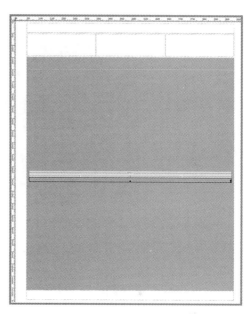
图 3-12 嵌套表格 "Table 22"

步骤 6 选择表格 "Table 22" 的所有单元格，在【单元格】属性面板中设置单元格对齐方式为 "水平、垂直居中"，如图 3-13 所示。

步骤 7 选择表格 "Table 22" 的左列单元格，设置宽度为 270，高度为 880，如图 3-13 所示。

图 3-13 表格 "Table 22" 的参数设置

3.2.4 在表格 "Table 22" 左列单元格中嵌套表格

步骤 1 在表格 "Table 22" 的左列单元格中插入一个 6 行 2 列，宽度为 260 的表格。

步骤 2 在【表格】属性面板中输入表格 ID 为 "Table 31"，表格 "Table 31" 的效果如图 3-14 所示。

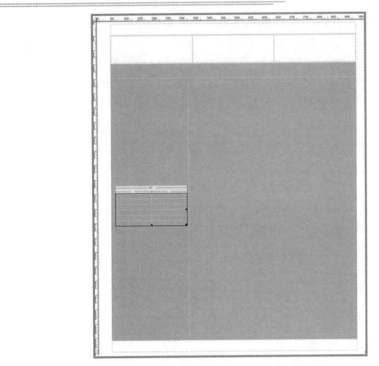

图 3-14　嵌套表格"Table 31"

步骤 3　选择表格"Table 31"的第 2 行单元格，在【单元格】属性面板中单击"合并单元格"按钮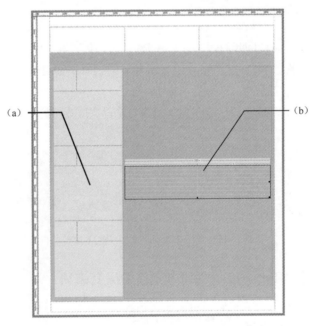，合并单元格；用同样的方法合并第 4、6 行的单元格，效果如图 3-15 所示。

（a）　　　　　　　　　　　　　　　　　　　　　（b）

（a）**表格"Table 31"的效果**　　（b）**插入表格"Table 32"**

图 3-15　嵌套表格

步骤 4　分别选择表格"Table 31"第 1、3、5 行的第 1 列的单元格，在【单元格】

属性面板中设置其宽度为 60，高度为 70；设置第 2、4、6 行单元格的高度为 200。

步骤 5　选择表格"Table 31"的所有单元格，在【单元格】属性面板中设置单元格背景色为#99CC00，"Table 31"的效果如图 3-15（a）所示。

3.2.5　在表格"Table 22"右列单元格中嵌套表格

步骤 1　选择表格"Table 22"的右列单元格，插入一个 8 行 2 列，宽度为 580 的表格。

步骤 2　在【表格】属性面板中输入表格 ID 为"Table 32"，表格"Table 32"的效果如图 3-15（b）所示。

步骤 3　选择表格"Table 32"的第 1 行单元格，在【单元格】属性面板中单击"合并单元格"按钮，合并单元格；用同样的方法合并第 3、5、7、8 行的单元格。

步骤 4　在【单元格】属性面板中设置第 1 行单元格的高度为 150，第 2、4、6 行单元格的高度为 50，第 3、5、8 行单元格的高度为 130。

步骤 5　选择表格"Table 32"的所有单元格，在【单元格】属性面板中设置单元格背景色为：#FFFFFF，参数设置如图 3-7 所示，"Table 32"的效果如图 3-16 所示。

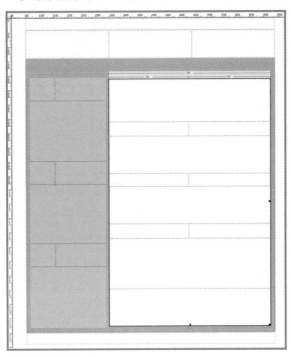

图 3-16　表格"Table 32"的效果

3.2.6　在表格"Table 32"中嵌套表格

步骤 1　在表格"Table 32"的第 3 行中插入一个 4 行 2 列的表格，宽度为 570。

步骤 2　在【表格】属性面板中输入 ID 为"Table 41"。

步骤 3　在【单元格】属性面板中设置表格"Table 41"的背景色为#EEEEEE，效果如图 3-1（a）所示。

步骤4　在表格"Table 32"的第5行复制表格"Table 41"；并在【表格】属性面板中输入 ID 为"Table 42"，效果如图 3-1（b）所示。

步骤5　在表格"Table 32"的第7行中插入一个4行8列的表格，宽度为570；并在【表格】属性面板中输入 ID 为"Table 43"；背景色与表格"Table 41"相同，效果如图 3-1（c）所示。

步骤6　在表格"Table 32"的第8行中插入一个1行3列的表格，宽度为570；在【表格】属性面板中输入 ID 为"Table 44"；效果如图 3-1（d）所示。

3.3　知识链接

表格是日常办公中常见的内容，它可以使数据的显示更有层次、清晰明了。网页中的表格，除了日常办公中经常使用外，还有更重要的作用——进行网页页面的布局。表格是控制网页页面布局最有力的工具，使用表格可以对网页文本、列表数据、图像、媒体等进行布局。合理地使用表格布局页面，可以设计出很多富有创意、风味独特的网页。

表格由一行或多行组成；每行又由一个或多个单元格组成。表格由三个基本部件组成：行、列、单元格。它们具有宽度、高度、间距、边框等属性，如图 3-17 所示。

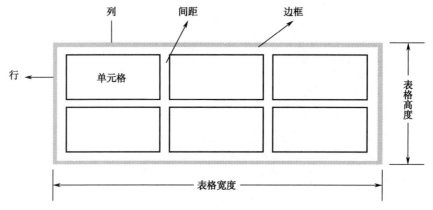

图 3-17　表格的组成

3.3.1　创建表格

▶ 1．插入表格并输入数据

步骤1　在文档中定位光标，执行【插入】|【表格】菜单命令，或在【插入】面板中单击【常用】|【表格】按钮，弹出【表格】对话框，如图 3-18 所示。

【表格】对话框中各项的功能如下。

- 行数：表格的行数目。
- 列数：表格的列数目。
- 表格宽度：以像素为单位或按以窗口宽度的百分比来指定表格的宽度。
- 边框粗细：表格边框的宽度。
- 单元格边距：单元格边框和单元格内容之间的像素数。

图 3-18 【表格】对话框

- 单元格间距：相邻的表格单元格之间的像素数。
- "标题"选项组中有 4 个标题选项。

  无：对表格不启用列或行标题。

  左：将表格的第一列作为标题列，以便为表格中的每一行输入一个标题。

  顶部：将表格的第一行作为标题行，以便为表格中的每一列输入一个标题。

  两者：在表格中输入列标题和行标题。
- "辅助功能"选项组中有 2 个选项。

  标题：显示在表格外的表格标题。

  摘要：表格的说明信息。

步骤 2 在打开的【表格】对话框中输入各项参数，即可创建表格，表格效果如图 3-19 所示。创建好表格以后，可以直接向表格中输入数据，如图 3-20 所示。

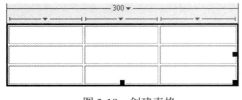

图 3-19 创建表格

图 3-20 向表格中输入数据

2. 创建嵌套表格

嵌套表格是指在表格的单元格中再创建一个表格，对于较复杂的表格，或使用表格布局网页时，常常使用嵌套表格的方法。

嵌套表格的创建和一般表格的创建方法相同，在需要嵌套表格的单元格中定位光标，如图 3-21 所示，再在其中绘制表格即可，如图 3-22 所示。

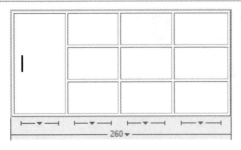

图 3-21　在单元格中定位光标

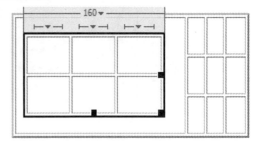

图 3-22　创建嵌套表格

3．导入和导出表格数据文件

（1）导入表格数据，步骤如下。

步骤 1　执行【文件】|【导入】|【表格式数据】菜单命令，打开【导入表格式数据】对话框，如图 3-23 所示。

图 3-23　【导入表格式数据】对话框

【导入表格式数据】对话框中各项的功能如下。

- 数据文件：输入要导入文件的名称，或单击"浏览"按钮选择要导入的文件。
- 定界符：单击下拉列表框，选择要导入的文件中所使用的分隔符。
- 表格宽度：设置导入数据后，生成表格的宽度，有以下两种。

　　匹配内容：使每个列足够宽以适应列中最长的文本内容。

　　设置为：以像素为单位制定绝对的表格宽度，或按百分比指定相对的表格宽度。

- 单元格边距、间距：默认值分别是 2 像素、1 像素。
- 格式化首行：在下拉列表框中选择首行的格式设置。
- 单元格间距：默认值是 1 像素。
- 边框：设置表格边框的宽度，单位为像素。

步骤 2　单击【导入表格式数据】对话框中"数据文件"文本框右侧的"浏览"按钮 浏览... ，选择数据文件，如图 3-24 所示，单击"打开"按钮；数据文件内容如图 3-25 所示。

步骤 3　【导入表格式数据】对话框中其他参数的设置如图 3-26 所示，单击"确定"按钮，完成表格数据的导入，导入表格式数据的效果如图 3-27 所示。

图 3-24　选择数据文件

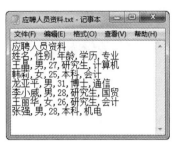

图 3-25　数据文件内容

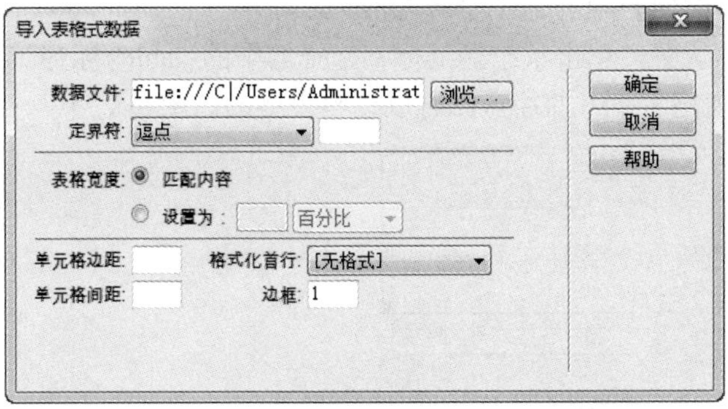

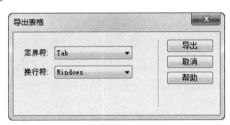

图 3-26　【导入表格式数据】对话框参数设置

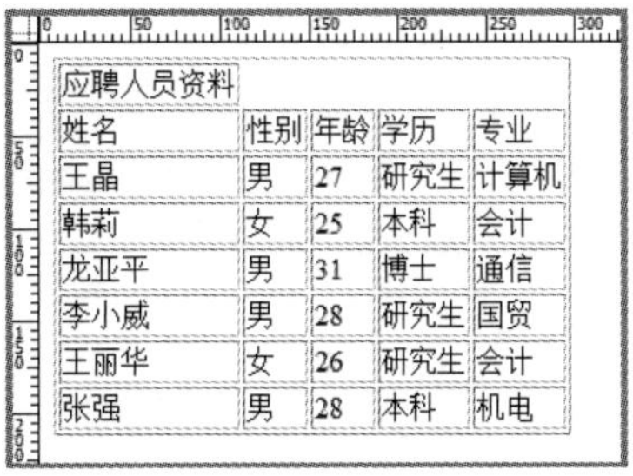

图 3-27　导入表格式数据的效果

（2）导出表格数据，步骤如下。

步骤 1　选中表格，执行【文件】|【导出】|【表格】菜单命令，打开【导出表格】对话框，如图 3-28 所示。

图 3-28　【导出表格】对话框

【导出表格】对话框中各项的功能如下。

● 定界符：选择导出数据所使用的分隔符类型，包括 Tab、空白键、逗号、分号和冒号，其中各下拉列表选项含义如下。

　　Tab：数据分隔符为多个空格。

　　空白键：数据分隔符为单个空格。

　　逗号、分号或冒号：数据分隔符为逗号、分号或冒号。

● 换行符：在下拉列表框中选择表格数据输出到文本文件后的换行方式，其中各下拉列表选项含义如下。

Windows：按 Windows 系统格式换行。

Mac：按苹果公司的系统格式换行。

UNIX：按 UNIX 的系统格式换行。

步骤 2 参数设置后，单击"导出"按钮，再选择保存位置和文件名即可完成数据导出。

3.3.2　编辑表格

▶1．选择表格元素

（1）选取整个表格，方法如下。

方法一：鼠标指向表格的左上角或底边任意位置，当光标形状为 时，单击左键。

方法二：先单击表格，再执行【修改】|【表格】|【选择表格】菜单命令。

方法三：先单击表格，再执行【编辑】|【全选】菜单命令。

方法四：将光标放到表格内任意位置，单击状态栏上标签选择器中的<table>标签。

选取表格如图 3-29 所示，拖曳表格右下方的控点，可以调整表格的高度和宽度。

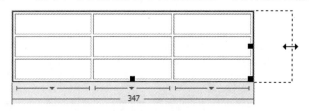

图 3-29　调整表格的高度和宽度

（2）选取表格的行或列，方法如下。

方法一：将光标置于行的左边缘或列的顶端，当光标形状为→或↓时，即可选择该行或列；按下并拖动鼠标可选择多行或多列。

方法二：将光标置于表格的任意单元格，平行或向下拖曳鼠标可以选择多行或者多列。

方法三：在单元格中单击，然后连续执行【编辑】|【选择父标签】菜单命令 2 次，或连续按 2 次"Ctrl+["组合键，可以选择光标所在行，但不能选择列。

方法四：在表格内任意单击，然后在编辑窗口的左下角标签选择栏中选择<tr>标签，可以选择光标所在行，但不能选择列。

（3）选取单元格，方法如下。

方法一：在单元格中单击，然后按"Ctrl+A"组合键。

方法二：在单元格中单击，然后在状态栏左侧选择<td>标签。

方法三：单击表格中的一个单元格，然后拖动鼠标到另一个单元格，或单击选中一个单元格，然后按住"Shift"键单击另一个单元格，可以选择多个连续的单元格。

方法四：按住"Ctrl"键，单击表格中的单元格，可以选择多个不连续的单元格。

▶2．添加与删除行和列

创建表格后，可以根据需要再添加或删除表格的行和列。

（1）插入行或列，方法如下。

方法一：在单元格中定位光标，执行【插入】|【表格对象】|【在上面插入行或列】

菜单命令，可以插入行或列。

方法二：在单元格中定位光标，执行【修改】|【表格】|【插入行】（或【插入行】）菜单命令，可以插入行或列。

方法三：在单元格中定位光标，执行【修改】|【表格】|【插入行或列】菜单命令，打开【插入行或列】对话框，如图 3-30 所示，设置相应参数可以插入行或列。

方法四：在单元格中定位光标，单击鼠标右键，在快捷菜单中选择【插入行】或【插入行或列】命令项，可以插入行或列。

方法五：选中整个表格，在【属性】面板中增加"行或列"文本框中的数值，可以添加行或列。

方法六：在"列宽度"菜单中选择【左侧插入列】或【右侧插入列】菜单项，如图 3-31 所示，可以添加列。

图 3-30　【插入行或列】对话框

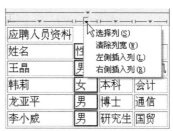

图 3-31　用"列宽度"菜单添加列

（2）删除行或列，方法如下。

方法一：在单元格中定位光标，执行【修改】|【表格】|【删除行】（或【删除列】）菜单命令，可以删除行或列。

方法二：选择要删除的行，单击鼠标右键，在快捷菜单中选择【删除行】（或【删除列】）命令，可以删除行或列。

方法三：选择整个表格，在【属性】面板中减少行或列文本框中的数值，可以删除行或列。

3. 调整行高和列宽

（1）调整行高，方法如下。

把光标置于表格底部边框或者中间行线上，当光标变为 ⭤ 状时，如图 3-32 所示，拖动即可调整该边框上一行单元格的高度，其他行不受影响。

（2）调整列宽，方法如下。

把光标置于表格右边框上，当光标变为 ↔ 状时，拖动即可调整最后一列单元格的宽度，同时也调整表格的宽度，其他行不受影响。

把光标置于表格中间列边框上，当光标变成 ↔ 时，拖动可调整中间列单元格的宽度，此时其右侧单元格宽度受到影响，表格整体宽度不变；按下"Shift"键，当光标变为 ◄||► 状时，拖动可调整中间列单元格的宽度，如图 3-33 所示，此时其他单元格的宽度不变，表格整体宽度受到影响。

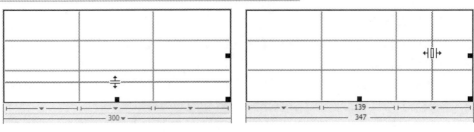

图 3-32　调整行高　　　　　　　　图 3-33　调整列宽

▶ 4．合并/拆分单元格

可以合并任意多个连续的单元格（只要选中的区域是矩形），以产生一个跨越多行或多列的单元格，也可以将一个单元格拆分为任意多行或多列，不论此单元格以前是否被合并过。Dreamweaver CS6 将自动为所进行的操作重组表格，添加必要的列数或行数属性。

使用【属性】面板或执行【修改】|【表格】菜单命令，可以合并和拆分单元格。

（1）合并单元格，方法如下。

选中多个连续的单元格，执行【修改】|【表格】|【合并单元格】菜单命令，或单击【属性】面板上的"合并单元格"按钮▦，独立的单元格中的内容会被同时放在合并了的单元格中。

提示：

先选中多个相邻的单元格，再按"M"键就可以合并选中的单元格。

（2）拆分单元格，方法如下。

步骤1　在表格中选中要拆分的单元格，执行【修改】|【表格】|【拆分单元格】菜单命令，或单击【属性】面板上的"拆分单元格"按钮▦，弹出【拆分单元格】对话框，如图 3-34 所示。

图 3-34　【拆分单元格】对话框

步骤2　在【拆分单元格】对话框中，选择是拆分为"行"或"列"，并设置行数或列数，单击"确定"按钮，可以拆分单元格。

3.3.3　表格的格式化

对制作好表格进行修饰，可以使表格看起来更美观，这时需要对表格进行格式化。表格的格式化主要包括表格的对齐方式，间距与边距的调整，边框的设置以及背景的设置等。

▶ 1．认识表格属性面板

选中整个表格，可以利用【表格】属性面板来设置或修改表格的属性，如图 3-35 所示。

图 3-35 【表格】属性面板

【表格】属性面板中各项的功能如下。

● "表格"文本框：设置表格的 ID 编号，便于用脚本对表格进行控制，可缺省。

● 行或列：设置表格的行或列数。

● 宽：设置表格的宽度，可填入数值。可以选择宽度单位：%（百分比）或像素。

● 填充：也称单元格边距，设置单元格中的内容和边框之间的距离，单位是像素。

● 间距：设置单元格之间的距离，单位是像素。

● 对齐：设置表格的对齐方式，包括 4 个选项——默认、左对齐、居中对齐和右对齐。

● 边框：设置表格边框的宽度，单位是像素。

● 类：设置表格的 CSS 样式表的类样式。

● "清除列宽"按钮 或"清除行高"按钮 ：可以清除表格的宽度或高度，使表格宽度或高度恢复到最小状态。

● "将表格宽度转换成像素"按钮 ：单击该按钮可以将表格宽度单位转换为像素。

● "将表格宽度转换成百分比"按钮 ：单击该按钮可以将表格宽度单位转换为百分比。

2. 认识单元格属性面板

在表格的单元格中定位光标，可以显示【单元格】属性面板，如图 3-36 所示。

图 3-36 【单元格】属性面板

【单元格】属性面板中各项的功能如下。

● "合并单元格"按钮 ：选中多个连续的单元格，可以合并为一个单元格。

● "拆分单元格"按钮 ：可以将一个单元格按行或列拆分成多个单元格。

● 水平：设置单元格内对象的水平对齐方式，包括——默认、左对齐、右对齐和居中对齐等（单元格默认为左对齐，标题单元格为居中对齐）。

● 垂直：设置单元格内对象的垂直对齐方式，包括——默认、顶端、居中、底部和基线等（默认为居中对齐）。

● 宽或高：设置单元格的宽度和高度，单位为像素或百分比。

● 不换行：设置单元格文本是否换行。如果选择该复选框，则当输入的数据超出单元格宽度时，单元格会调整宽度来容纳数据。

● 标题：选中该复选框，可以将所选中的单元格的格式设置为表格标题单元格。默认情况下，表格标题单元格的内容为粗体并居中对齐。

● 背景颜色：设置表格的背景颜色。

格式化后的表格效果如图 3-37 所示。

应聘人员资料

姓　名	性　别	年　龄	学　历	专　业
韩莉	女	25	本科	会计
王丽华	女	26	研究生	会计
王晶	男	27	研究生	计算机
李小威	男	28	研究生	国贸
张强	男	28	本科	机电
龙亚平	男	31	博士	通信

图 3-37　格式化后表格的效果

3.3.4　排序表格

数据排序是办公自动化中常用的操作，Dreamweaver 也提供了相应的功能。

选中表格，执行【命令】|【排序表格】菜单命令，弹出【排序表格】对话框，如图 3-38 所示。

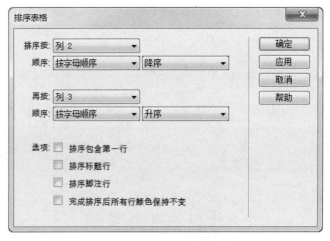

图 3-38　【排序表格】对话框

【排序表格】对话框中各项的功能如下。

● "排序按"下拉列表框：选择"排序"主关键字。

● "再按"下拉列表框：选择"排序"次关键字。

● "顺序"下拉列表框：设置排序的方式。

● "选项"复选框，各项含义如下。

"排序包含第一行"：在对表格数据排序时，同时也对首行进行排序，当表格的首行是标题行时，可以清除该复选框。

"排序标题行"或"排序脚注行"：对标题行或脚注行进行排序。

"完成排序后所有行颜色保持不变"：在对表格排序后保留排序行中标记的原有属性。

原数据表如图 3-39 所示，数据排序后效果如图 3-40 所示。

应聘人员资料

姓名	性别	年龄	学历	专业
王晶	男	27	研究生	计算机
韩莉	女	25	本科	会计
龙亚平	男	31	博士	通信
李小威	男	28	研究生	国贸
王丽华	女	26	研究生	会计
张强	男	28	本科	机电

图 3-39　原数据

应聘人员资料

姓名	性别	年龄	学历	专业
韩莉	女	25	本科	会计
王丽华	女	26	研究生	会计
王晶	男	27	研究生	计算机
李小威	男	28	研究生	国贸
张强	男	28	本科	机电
龙亚平	男	31	博士	通信

图 3-40　数据排序后效果

3.3.5 使用表格布局页面

利用表格进行布局，对网页排版是 Dreamweaver 的重要功能，在"布局模式"下，可以在网页中直接画出表格与单元格，还可以自由拖动。利用"布局"来对网页定位非常方便，但生成的表格比较复杂，不适合大型网站使用。

1. 布局模式

在设计和制作网页时，Dreamweaver 提供了标准模式和布局模式。在标准模式下可以使用表格、层和框架等方式来布局页面，并可插入或编辑各种网页元素，而布局模式是专门进行页面布局的编辑模式。

页面布局通过布局表格和布局单元格来实现，它继承了表格和层的准确定位和可移动的优点。

切换到布局模式的方法为，在【插入】面板中单击【布局】|【扩展】按钮，即进入"扩展表格模式"，如图 3-41 所示。

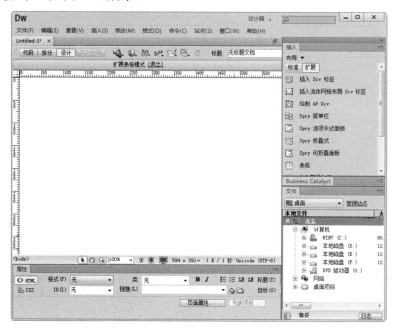

图 3-41　扩展表格模式

在"扩展表格模式"中，单击"扩展表格模式"右侧的"退出"按钮 **扩展表格模式 [退出]** ，即可退出"扩展表格模式"，返回"标准模式"。

◈2．绘制布局表格

在"扩展表格模式"中添加表格的方法与在"标准模式"下创建表格方法相同。

方法一：执行【插入】|【表格】菜单命令，弹出【表格】对话框，设置表格参数即可插入表格。

方法二：在"扩展表格模式"中，选择"扩展"面板上的"表格"按钮，即可插入表格，如图3-42所示；返回"标准模式"后的表格效果如图3-43所示。

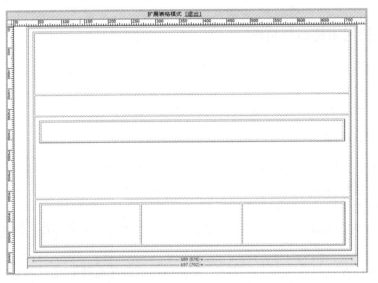

图3-42　在"扩展表格模式"中布局网页

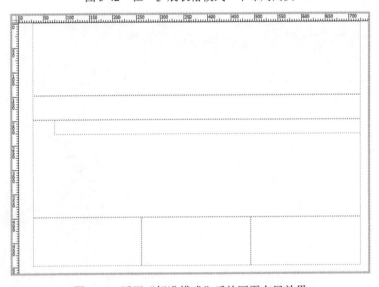

图3-43　返回"标准模式"后的网页布局效果

提示：

在"标准模式"下使用表格布局页面时，边框值应设置为0；在"扩展模式"下使用表格布局页面时，边框值应自动为 0。

> **3. 编辑布局表格**

在"扩展表格模式"中添加单元格与在"标准模式"下的方法相同，或者在"扩展"面板中直接单击"在上面插入行"按钮、"在下面插入行"按钮；"在左侧插入列"按钮及"在右侧插入列"按钮，即可插入行或列。

3.4　总结提升

表格具有强大的数据组织和管理功能，同时在网页设计中还是页面布局的常用工具。熟练掌握表格的使用技巧可以设计出富有创意、风格独特的网页。

本章使用表格对"乐途网"的首页进行布局，并介绍了表格的一般功能，包括在表格中插入内容，增加、删除、拆分、合并行与列，修改表格、行、单元格属性，表格的多层嵌套等操作都做了详细介绍。通过本章的学习，读者应熟练掌握表格的使用方法。

3.5　拓展训练

一、选择题

1. 合并单元格应在【单元格】属性面板上单击的按钮是（　　　）。

A. ▦　　　　　　　B. ⬌　　　　　　　C. ⬓　　　　　　　D. ⊕

2. 调整表格宽度时，按下（　　）键再拖动鼠标，可以保持被调整列右边的单元格宽度不变。

A. Ctrl　　　　　　B. Alt　　　　　　C. Tab　　　　　　D. Shift

3. 调整单元格中的内容与边框间的距离时，应在【单元格】属性面板上（　　）文本框中输入数据。

A. 填充　　　　　　B. 间距　　　　　　C. 边框　　　　　　D. 宽度

二、填空题

1. 将表格用于页面布局时，表格边框应设置为_____。

2. 在布局页面时，Dreamweaver 提供了_____、_____两种编辑模式。

3. 执行【插入】|【_____】|【_____】菜单命令，可以导入表格式数据。

三、简述题

1. 选择表格和单元格有几种常用的方法？

2. 在"标准模式"和"扩展模式"下创建表格。

3. 在创建表格时，什么情况下需要嵌套表格？

四、实践题

1. 绘制如图 3-44 所示的"个人简介"表，先创建一个 5 行 1 列的表格，再在每一行单元格中插入一个表格。

图 3-44 表格实例效果

2. 运用本项目所学知识，创建"letaoweb"站点，在该站点下创建"ch4"文件夹，并创建文档 index.html；应用表格布局"乐淘网"首页页面，效果如图 3-45 所示。

图 3-45 "乐淘网"首页表格布局效果

项 目 4

图文并茂的网页——文本与
图像的应用

 **知识要点**

★ 掌握插入文本及特殊字符的方法
★ 掌握格式化文本的方法
★ 掌握创建列表的方法
★ 掌握插入图像及占位符的方法
★ 掌握图像的编辑方法
★ 掌握鼠标经过图像及导航条的制作方法

4.1 网页展示：向"首页"页面中插入文本或图像元素

在项目 3 使用表格完成"乐途网"首页布局的基础上，本项目将把网页的主要元素——文本及图像插入到布局表格中，使网页具有丰富多彩的内容。首页中主要插入了文本、图像、图像占位符等，并制作了用于超级链接元素——导航条，网页效果如图 4-1 所示。

图 4-1 "首页"页面效果

4.2 网页制作

4.2.1 插入图像

步骤 1 启动 Dreamweaver CS6，选择【文件】|【打开】菜单命令，在弹出的【打开】对话框中，如图 4-2 所示，选择项目 3 已完成页面布局的首页文件"index.html"，打开的网页文件如图 4-3 所示，需要向表格中插入文本及图像等元素。

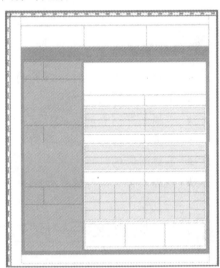

图 4-2 【打开】对话框　　　　　图 4-3 使用表格布局的"首页"页面

步骤 2 在表格"Table 1"的第 1 行单元格内定位光标，执行【插入】|【图像】菜单命令，弹出【选择图像源文件】对话框，如图 4-4 所示，选择图像"top.jpg"，单击"确定"按钮。

图 4-4 【选择图像源文件】对话框

步骤 3　在弹出的【图像标签辅助功能属性】对话框中，设置图像的辅助属性，如图 4-5 所示，单击"确定"按钮。

图 4-5　【图像标签辅助功能属性】对话框

步骤 4　在【图像】属性面板中设置图像宽为 888、高为 40，如图 4-6 所示；效果如图 4-7 所示。

图 4-6　设置"top.jpg"图像大小

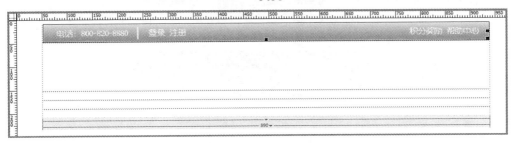

图 4-7　插入"top.jpg"图像效果

步骤 5　在表格"Table 2"的第 1 列单元格内定位光标，执行【插入】|【图像】菜单命令，弹出【选择图像源文件】对话框，如图 4-8 所示，选择图像"logo.jpg"，单击"确定"按钮。

图 4-8　【选择图像源文件】对话框

步骤 6 在弹出的【图像标签辅助功能属性】对话框中，如图 4-9 所示，单击"确定"按钮。

图 4-9 【图像标签辅助功能属性】对话框

步骤 7 在【图像】属性面板中设置图像宽为 210、高为 90 等属性，如图 4-10 所示。

图 4-10 设置"logo.jpg"图像大小

步骤 8 用同样的方法在表格"Table 21"的第 2 列单元格中插入图像"banner.gif"，在【图像】属性面板中设置宽度为 480、高度为 90，效果如图 4-11 所示。

图 4-11 插入"logo"图像效果

步骤 9 在表格"Table 31"的第 1 行第 2 列中定位光标，执行【插入】|【图像】菜单命令，弹出【选择图像源文件】对话框，如图 4-12 所示，选择图像"img1.jpg"，单击"确定"按钮。

图 4-12 【选择图像源文件】对话框

步骤 10　在【图像】属性面板中设置图像宽为 78、高为 60；用同样的方法插入图像"img2.jpg"、"img3.jpg"、"bottom1.jpg"、"bottom2.jpg"、"bottom3.jpg"，以及"fengjing.gif"图像。

步骤 11　在"右部"最上方灰色表格的第 1 行第 1 列定位光标，插入"项目列表"图像◆；将"项目列表"图像◆复制到其他单元格中，效果如图 4-13 所示。

图 4-13　插入"项目列表"图像

4.2.2　插入图像占位符

步骤 1　在表格"Table 21"的第 3 列单元格内定位光标，执行【插入】|【图像对象】|【图像占位符】菜单命令，弹出【图像占位符】对话框，参数设置如图 4-14 所示，单击"确定"按钮。

图 4-14　【图像占位符】对话框

步骤 2　选中"天气预报"图像占位符，在【单元格】属性面板中选择【对齐】|【居

中对齐】选项，效果如图4-15所示。

图4-15 插入图像占位符效果

4.2.3 通过插入鼠标经过图像制作导航条

步骤1 在表格"Table 1"第3行单元格中定位光标，执行【插入】|【图像对象】|【鼠标经过图像】菜单命令，弹出【插入鼠标经过图像】对话框，如图4-16所示。

62

图4-16 【插入鼠标经过图像】对话框

步骤2 在【插入鼠标经过图像】对话框中输入"首页"图像名称：shouye；单击"原始图像"右侧的"浏览"按钮，在【原始图像】对话框中选择原始图像，如图4-17所示，单击"确定"按钮，返回【插入鼠标经过图像】对话框。

图4-17 【原始图像】对话框

步骤3 单击"鼠标经过图像"右侧的"浏览"按钮，在【鼠标经过图像】对话框中选择鼠标经过图像，如图4-18所示，单击"确定"按钮。

图 4-18 【鼠标经过图像】对话框

步骤 4 返回【插入鼠标经过图像】对话框，勾选"预载鼠标经过图像"选项，如图 4-19 所示，单击"确定"按钮。

图 4-19 【插入鼠标经过图像】对话框参数设置

提示：

本项目只学习通过鼠标经过图像制作导航条，导航条还不能实现超级链接的功能，在"超级链接"项目中，将对话框中输入"URL"地址后，才可以实现网页间的跳转。

步骤 5 将光标定位在"首页"图像后，按照同样的方法，插入"目的地"的鼠标经过图像。在【插入鼠标经过图像】对话框输入"目的地"图像名称"mudidi"；分别单击"原始图像"、"鼠标经过图像"右侧的"浏览"按钮，选择图像文件，如图 4-20 所示。

图 4-20 插入"目的地"鼠标经过图像

提示：

注意"首页"是当前页，其"原始图像"与其他页面的"原始图像"是不相同的。

步骤 6 依次插入"酒店机票"、餐饮美食"、"旅游度假"及"商旅管理"的鼠标经过图像；保存网页，导航条制作效果如图 4-21 所示。

图 4-21 导航条制作效果

4.2.4 插入文本

步骤 1 在表格"Table 31"的第 1 行第 1 列单元格内定位光标，输入文本"酒店"，执行【格式】|【标题 2】菜单命令，格式化文本。

步骤 2 选择文本"酒店"，在【单元格】属性面板中选择【水平】|【左对齐】选项，如图 4-22 所示。

图 4-22 设置"酒店"字体格式

步骤 3 用同样的方法，在表格"Table 31"的第 3、5 行第 1 列单元格内输入文本"机票、旅游"。

步骤 4 在表格"Table 32"的第 2、4、6 行第 1 列单元格内分别输入文本"热门信息、旅游度假、机票"。

步骤 5 在表格"Table 32"的第 2、4、6 行第 2 列单元格内输入文本"更多……"；在单元格属性面板中选择【水平】|【右对齐】选项。

步骤 6 选择步骤 4、5 中输入的所有文本，在【单元格】属性面板中选择【格式】|【标题 2】选项，文本输入后的效果如图 4-23 所示。

步骤 7 在每个"项目列表"图像后定位光标，输入文本"地震中的日本, 纠结呀……"等内容。

步骤 8 输入"机票"下表格中的文本及网页下部的版权信息等，"首页"制作效果如图 4-24 所示。

步骤 9 保存文件。

提示：

"首页"中有 3 个表单，在项目 1 中可以先空白，留在项目 11 后再做。

图 4-23　文本输入效果

图 4-24　"首页"效果

4.3　知识链接

　　文本是网页中信息传递的主要载体，是网页中不可或缺的存在基础和主体元素，是浏览者获取信息的主要途径，其信息传递的方式是其他任何一种网页元素都无法替代的。图像具有较强的视觉冲击力，在页面中恰到好处地使用图像能使网页更加生动、美观。图像也是交互式设计元素，是网页中不可缺少的。与文字相比，图像更加直观，在整个网页中可以起到画龙点睛的作用，图文并茂的网页比纯文本更能吸引人的注意力。

　　本章介绍了文本的字体设置、段落格式及列表，可以在网页中直接输入文本，也可将文本从其他文档复制到网页中或导入文本；图像的相关知识将介绍插入图像及图像占位符，鼠标经过图像及导航条的制作，编辑图像等操作。

4.3.1　文本的基本操作

▶1．创建文本

可以在网页中直接输入文本，也可将文本从其他文档复制到网页中，还可以导入文本。

方法一：在需要创建文本处定位光标，直接输入文本内容。

方法一：在源文件中选定对象，按"Ctrl+C"组合键；在 Dreamweaver 文档窗口中定位光标，按下"Ctrl+V"组合键，或单击"标准"工具栏中的"粘贴"按钮 ，或执行【编辑】|【粘贴】菜单命令，可以将源文件中选定的文本复制到网页文档中。

方法三：执行【文件】|【导入】|【表格式数据】菜单命令，在打开的对话框中选择要导入的文件，即可导入文本或数据表等。

2. 插入特殊字符

有些特殊符不能直接输入，如§、£、¥、©等，可以用以下方法插入特殊字符。

方法一：执行【插入】|【HTML】|【特殊字符】菜单命令，在弹出的子菜单中选中需要插入的字符名称，如图4-25所示。如果在子菜单中没有需要的字符，可以执行【其他字符】命令，打开【插入其他字符】对话框，如图4-26所示。选中要插入的对象，单击"确定"按钮即可插入字符。

图 4-25　插入特殊字符

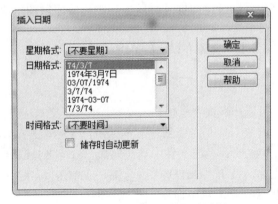

图 4-26　【插入其他字符】对话框

方法二：执行【窗口】|【插入】菜单命令，在弹出的【插入】面板中选择【文本】|【字符】选项，在打开的下级菜单中选择需要插入的字符，如图4-27所示。

方法三：插入空格。在【设计】视图下，按下"Ctrl+Shift+Space"组合键可以插入空格；或在确保输入法处于"全角"模式时按"空格"键。

3. 插入更新日期

在需要插入日期处定位光标，执行【插入】|【日期】菜单命令，在打开的【插入日期】对话框中选择日期格式，如图4-28所示，单击"确定"按钮。

图 4-27　插入字符

图 4-28　【插入日期】对话框

如果希望在每次保存文档时都自动更新文档中插入的日期信息，可以选择"储存时自动更新"复选框。

4. 插入水平线

在网页中可以插入水平分割线来分割页面，使网页信息更清晰或有层次。

步骤 1 在要插入水平线的位置定位光标，执行【插入】|【HTML】|【水平线】菜单命令，即可添加一条水平分割线。

步骤 2 执行【格式】|【颜色】菜单命令，在弹出的【颜色】对话框中选择颜色，如图 4-29 所示，单击"确定"按钮。

步骤 3 在弹出的【新建 CSS 规则】对话框中输入选择器名称，如图 4-30 所示，单击"确定"按钮。

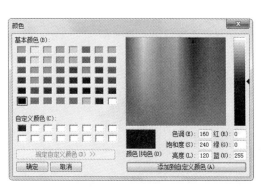

图 4-29 【颜色】对话框　　　　　　图 4-30 【新建 CSS 规则】对话框

步骤 4 选中水平线，在【水平线】属性面板上设置属性，高为 5，类为 color1，如图 4-31 所示。将新建的 CSS 规则应用到水平线上即可改变其颜色，最终效果如图 4-32 所示。

图 4-31 【水平线】属性面板

图 4-32 插入水平线效果

4.3.2 格式化文本

1. 设置文本格式

文本的格式化有设置字体、字号、字型和颜色等操作。

（1）设置标题格式。在网页制作中设计多级标题可以使标题醒目、内容分类清晰。Dreamweaver CS6定义了6级标题，通过【属性】面板的"格式"选项中"标题1～6"来进行设置，分别用\<h1\>～\<h6\>标记来表示。每级标题的字体大小依次递减，标题格式一般都加粗显示，如图4-33所示。

（2）编辑字体列表。执行【修改】|【字体家族】菜单命令，如图4-34所示，此时弹出【编辑字体列表】对话框，如图4-35所示。

标题大小	HTML标识
标题1	h1
标题2	h2
标题3	h3
标题4	h4
标题5	h5
标题6	h6

图4-33　设置标题　　　　　　　　　图4-34　设置字体类型

在如图4-35所示的【编辑字体列表】对话框中，可以向"字体列表"中添加字体或删除字体。

图4-35　【编辑字体列表】对话框

【编辑字体列表】对话框操作如下。

● 单击"添加"按钮⊞，在"可用字体"列表中选择字体类型，单击按钮《，将所选字体移至"选择的字体"列表中。

● 在"选择的字体"列表中选择字体类型，单击按钮》，将所选字体移至"可用字体"列表中。

● 单击"删除"按钮⊟，可直接删除"选择的字体"列表中的字体。

（3）使用 Web 字体。执行【修改】|【Web 字体】菜单命令，此时弹出【Web 字体管理器】对话框，如图 4-36 所示。可以点击"添加字体"按钮打开【添加 Web 字体】对话框，如图 4-37 所示，添加网页需要的 Web 字体类型。

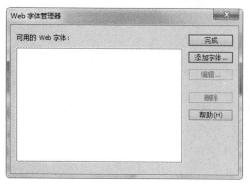

图 4-36 【Web 字体管理器】对话框

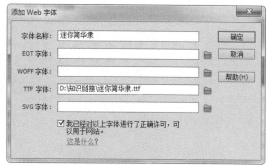

图 4-37 【添加 Web 字体】对话框

（4）设置文本加粗和斜体。选中文本，在【插入】面板中选择【文本】|【粗体】（或【斜体】）选项，如图 4-38 所示，或执行【格式】|【样式】|【粗体】（或【斜体】）菜单命令，可以将选中的文本加粗或倾斜，效果如图 4-39 所示。

图 4-38 【插入】面板

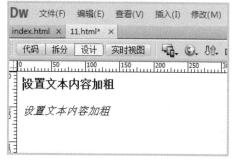

图 4-39 设置文本加粗和倾斜

（5）设置文本的颜色。选中文本，在【属性】面板中单击"页面属性"按钮，在弹出的【页面属性】对话框中设置文本颜色，如图 4-40 所示。

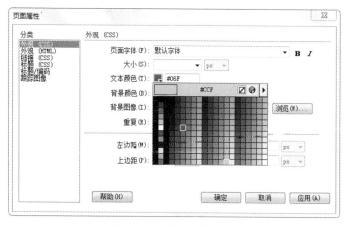

图 4-40 设置文本颜色

如果对颜色选择器中的颜色不满意，可以选择自定义颜色。执行【格式】|【颜色】菜单命令，在弹出的【颜色】对话框中选择颜色，如图4-41所示，单击"确定"按钮。

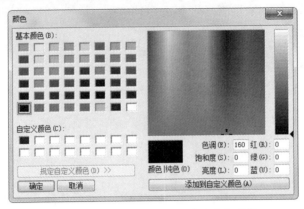

图4-41　在【颜色】对话框中自定义颜色

2. 设置段落格式

设计得当的段落格式可以使文档清晰易读，便于理解。在Dreamweaver CS6中可以对段落设置多种格式。

（1）定义段落，有如下方法。

方法一：在"文档"窗口中输入文本后，按"Enter"键可以将文本分为一个段落。

方法二：在需要定义段落的文本中定位光标，执行【格式】|【段落格式】|【段落】菜单命令。

方法三：定位光标，在【属性】面板中选择【格式】|【段落】选项。

提示：

在Dreamweaver中输入文字不像在Word中那样随心所欲，自动换行。需要按下组合键"Shift+Enter"才可以实现换行操作。

（2）设置段落对齐方式。段落的对齐方式，就是段落相对文档窗口在水平位置的对齐方式。

在段落中需要设置对齐方式的位置定位光标，执行【格式】|【对齐】菜单命令，在弹出的子菜单中选择相应的命令，如【左对齐】、【居中对齐】、【右对齐】和【两端对齐】等。

4.3.3　创建列表

在Dreamweaver CS6中，常见的列表类型有两种：项目列表和编号列表。设置列表是Dreamweaver CS6可视化操作的一个重要的格式设置内容，可以在输入文字时创建列表，也可以将现有段落转换为列表。

1. 创建列表

（1）创建新列表，步骤如下。

步骤1　输入项目列表第一行文本内容，在文本内容任意位置定位光标。

步骤2　执行【格式】|【列表】菜单命令，在弹出的子菜单中选择【项目列表】选项可创建无序的项目列表；选择【编号列表】选项可创建有序的编号列表；选择【定义列

表】选项可创建定义列表，如图 4-42 所示。

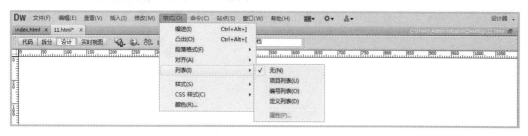

图 4-42 “列表”菜单

步骤 3 在第一行后面按“Enter”键，继续输入下一行内容时，每行前自动出现相应的项目符号或编号，效果如图 4-43 所示。

（2）将现有段落转换为列表。要把不同级别的文本内容用列表的形式表现出来，将要用到文本列表的嵌套，也就是需要用到文本属性中的“文本缩进”按钮。

步骤 1 选中文本，添加列表后，选择需要将列表设置为第二级的文本，执行【格式】|【缩进】菜单命令，或者单击【文本】属性面板中的“文本缩进”按钮。此时列表项将向右缩进，形成不同级别的子列表项，效果如图 4-44 所示。

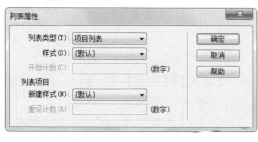

项目列表	编号列表
• 创建文本 • 插入特殊字符 • 添加注释 • 插入更新日期	1. 创建文本 2. 插入特殊字符 3. 添加注释 4. 插入更新日期

图 4-43 创建列表效果

项目列表	编号列表
• 文本的基本操作 ◦ 创建文本 ◦ 插入特殊字符 ◦ 添加注释 ◦ 插入更新日期	1. 文本的基本操作 1. 创建文本 2. 插入特殊字符 3. 添加注释 4. 插入更新日期

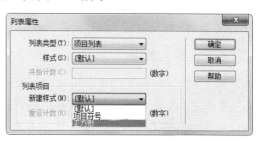

图 4-44 将现有段落转换为列表

步骤 2 执行【格式】|【凸出】菜单命令，或者单击【文本】属性面板中的“文本缩进”按钮。可将列表项恢复原来的设置。

2. 编辑列表

步骤 1 在需要设置列表属性的列表中任意位置定位光标，执行格式列表属性菜单命令，弹出【列表属性】对话框，如图 4-45 所示。

步骤 2 在“列表类型”下拉列表框中，选择列表类型；在“样式”下拉列表框中，选择相应的项目列表样式，单击“确定”按钮。如图 4-46 所示。

图 4-45 【列表属性】对话框

图 4-46 设置项目列表属性

步骤 3 如果在步骤 2 中选择的是“编号列表”，需要在“开始计数”文本框中选择编号的起始数字，如图 4-47 所示。

图 4-47　设置编号列表属性

4.3.4　插入图像

Dreamweaver CS6 提供了在网页中插入图像的多种方法，例如：插入图像、图像占位符、鼠标经过图像等。

1．网页图像的格式

计算机对图像的处理是以文件的形式进行的，由于图像编码的方法很多，因而形成了许多图像文件格式。但在 Web 页中通常使用的只有 3 种格式：JPEG/JPG、GIF 和 PNG。

GIF（Graphics Interchange Format，图形交换格式）文件最多使用 256 种颜色，最适合显示色调不连续或具有大面积单一颜色的图像，例如导航条、按钮、图标、徽标或其他具有统一色彩和色调的图像。

JPEG（Joint Photograhic Experts Group，联合图像专家组标准）文件格式用于摄影或连续色调图像的高级格式，这是因为 JPEG 文件可以包含数百万种颜色。随着 JPEG 文件品质的提高，文件的大小和下载时间也会随之增加。通常可以通过压缩 JPEG 文件在图像品质和文件大小之间达到良好的平衡。

PNG（Portable Network Graphics，可移植网络图形）文件格式是一种替代 GIF 格式的无专利权限制的格式，它包括对索引色、灰度、真彩色图像以及 Alpha 通道透明的支持。PNG 是 Macromedia Fireworks 固有的文件格式。PNG 文件可保留所有原始层、矢量、颜色和效果信息，并且在任何时候所有元素都是可以完全编辑的。

GIF 格式的图像可以制作动画，但最多只可以支持到 256 色。JPEG 格式的图像可以支持真彩色；但只能为静态图像。PNG 格式的图像既可以制作动画又可以支持真彩色，但文件大，下载速度慢。

2．插入图像

方法一：在要插入图像的位置定位光标，执行【插入】|【图像】菜单命令，弹出【选择图像源文件】对话框，在对话框中选择要插入的图像，单击"确定"按钮。

方法二：在【插入】面板中选择【常用】|【图像】|【图像】按钮；或把"图像"按钮拖到编辑窗口要插入图像的位置，在弹出的"选择图像源文件"对话框中选择图像。

3．插入图像占位符

"图像占位符"是在 Web 页中为以后要添加的图形预留下的位置，使用图像占位还可以用来布局网页结构。当为"图像占位符"指定了图像链接，即会显示该图像。

在网页中插入图像占位符的方法如下。

在要插入图像占位符的位置定位光标,执行【插入】|【图像对象】|【图像占位符】菜单命令,或在【插入】面板中选择【常用】|【图像】|【图像占位符】选项,在打开的【图像占位符】对话框中设置参数,如图 4-48 所示,单击"确定"按钮,即可插入图像占位符。

【图像占位符】对话框中各项功能如下。

- "名称"文本框:为图像占位符起的名称。
- "宽度"和"高度"文本框:设置图像占位符的宽度和高度。
- "颜色"文本框:设置占位符的颜色。
- "替换文本"文本框:设置该图像占位符的替换文字。

在文档中插入的"图像占位符"效果如图 4-49 所示;双击"图像占位符",可以指定图像链接。

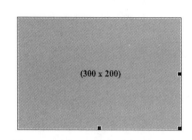

图 4-48 【图像占位符】对话框   图 4-49 插入"图像占位符"效果

4. 插入鼠标经过图像

鼠标经过图像就是当鼠标移动到该图像上时,由一幅图像切换成另一幅图像,当鼠标移开时,又恢复为原图像,也叫作翻转图像。

插入鼠标经过图像的方法如下。

在要插入图像经过图像的位置定位光标,执行【插入】|【图像对象】|【鼠标经过图像】菜单命令,或在【插入】面板中选择【常用】|【图像】|【鼠标经过图像】选项,在打开的【插入鼠标经过图像】对话框中设置参数,如图 4-50 所示,单击"确定"按钮,即可插入鼠标经过图像。

图 4-50 【插入鼠标经过图像】对话框

【插入鼠标经过图像】对话框中各项功能如下。

- "图像名称"文本框:为鼠标经过图像命名。

● "原始图像"文本框：可以输入原始图像的路径及文件名，也就是开始显示的图像。也可以单击右边的"浏览"按钮，从弹出的文件选择窗口选择需要的图像。

● "鼠标经过图像"文本框：可以输入鼠标经过时显示的图像。也可以单击右边的"浏览"按钮，从弹出的文件选择窗口选择需要的图像。

● "预载鼠标经过图像"复选框：如果选中，则表示在用户浏览该网页时，会将鼠标经过图像预先装入到本地内存中，加快网页浏览的速度。

● "替换文本"文本框：可以输入鼠标经过图像时与图像交替的文本。在浏览器中，当鼠标掠过图像时，就会显示这些文本。

● "按下时，前往的 URL"文本框：可以输入单击图像时跳转到的链接地址。

单击"标准"工具栏上的"在浏览器上预览/调试"按钮🌐。原图像效果如图 4-51 所示，当鼠标经过时图像效果如图 4-52 所示。

图 4-51　原图像效果 　　　　　　图 4-52　鼠标经过时图像效果

提示：

如果原始图像和鼠标经过图像大小不同，Dreamweaver CS6 会自动调整第 2 幅图像，使两个图像大小相同。

5. 插入网页背景图像

步骤 1　执行【修改】|【页面属性】菜单命令，或在文档窗口中单击鼠标右键，从弹出的快捷菜单中选择【页面属性】命令，或在属性面板中单击"页面属性"按钮，会打开【页面属性】对话框，如图 4-53 所示。

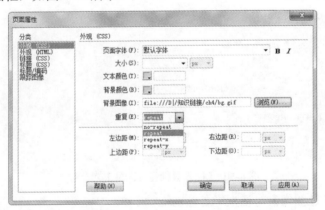

图 4-53　【页面属性】对话框

步骤 2 在【页面属性】对话框中，单击"背景图像"右边的"浏览"按钮，打开图像文件选择窗口，从中选择需要的图像文件；"重复"下拉列表项选择"repeat"，单击"确定"按钮。

步骤 3 在【背景图像】文本框中显示该图像文件的相对路径及文件名，单击"应用"按钮即可。效果如图 4-54 所示。

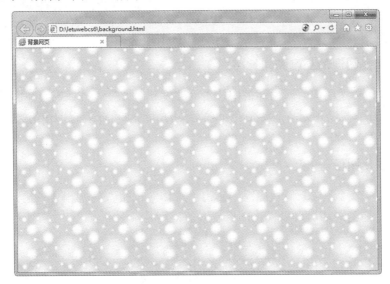

图 4-54　插入网页背景图像预览效果

提示：

在插入背景图像时，可根据背景图像素材的特点，根据需要设置"重复"选项，有 4 个值：no-repeat（不重复）、repeat（重复）、repeat-x（横向重复）、repeat-y（纵向重复）。

4.3.5　编辑图像

▶1. 调整图像大小

方法一：选中要调整的图像，图像底部、右侧及右下角出现调整大小的控制点，拖曳控点可以调整图像的大小，如图 4-55 所示。

图 4-55　选中并调整图像

方法二：在【图像】属性面板中"宽"和"高"文本框中输入数值，可以精确地设置图像大小，如图 4-56 所示。

图 4-56 【图像】属性面板

2. 调整图像的亮度和对比度

选中图像，在【图像】属性面板中单击"亮度和对比度"按钮，弹出【亮度/对比度】对话框。如图 4-57 所示。拖动亮度和对比度的滑动块可以调整图像的亮度和对比度，取值范围是-100～100。

3. 锐化图像

选中图像，在【图像】属性面板中单击"锐化"按钮，弹出【锐化】对话框。如图 4-58 所示。拖动滑动块可以锐化图像，取值范围是 0～10。

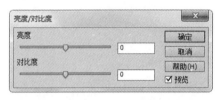

图 4-57 【亮度/对比度】对话框

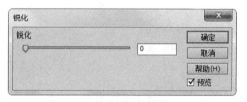

图 4-58 锐化图像

4. 裁剪图像

通过"裁剪"图像的操作，可以选择所需要的图像部分，其他多余部分将被删除。裁剪图像的具体操作步骤如下。

步骤 1 选中要裁剪的图像，在【图像】属性面板中单击"裁剪"按钮，弹出【提示】对话框，如图 4-59 所示，单击"确定"按钮，将在所选中的图像周围出现裁切控制点，如图 4-60 所示。

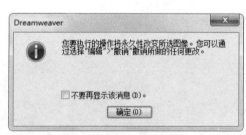

图 4-59 裁切提示

步骤 2 拖动控制点可以调整裁切大小，直到满意为止，如图 4-61 所示。

步骤 3 直接按"Enter"键就可裁切所选择的区域，所选区域以外的所有图像部分将被删除，如图 4-62 所示。

图 4-60　出现裁切控点

图 4-61　拖动控点

图 4-62　裁切效果

4.4　总结提升

　　文本是网页的主要信息载体，在网络上传输速度最快，用户可以很方便地浏览和下载文本信息。整齐划一、大水适中、排版精美的文本，能够体现网页的视觉效果，因而文本处理是网页设计制作的第一步。图像更具有视觉感染力，如 LOGO、鼠标经过图像或图像映像等。

　　本章介绍了 Dreamweaver CS6 的文本操作，如文本的输入、文本的格式化、查找与替换、创建列表以及设置网页属性等内容。本项目还介绍了图像的插入、编辑、鼠标经过图像和导航条的制作方法。文本和图像是创建网页的基本元素，通过本项目的学习，已经可以创建图文并茂、丰富多彩的网页了。

4.5　拓展训练

一、选择题

　　1．不是网页中常用的图像文件格式的文件扩展名是（　　　）。

　　A．.GIF　　　　　　　　B．.FLA　　　　　　　　C．.JPG　　　　　　　　D．.PNG

　　2．在插入鼠标经过图像时，需要先准备至少（　　　）幅图像。

　　A．1　　　　　　　　　　B．2　　　　　　　　　　C．3　　　　　　　　　　D．4

　　3．插入图像后，在【图像】属性面板中选择（　　　）按钮，可以调整的亮度和对比度。

　　A．◐　　　　　　　　　　B．△　　　　　　　　　　C．▨　　　　　　　　　　D．▨

二、填空题

　　1．执行＿＿＿＿＿＿＿菜单命令，在＿＿＿＿＿＿＿对话框中可以设置背景图像。

　　2．在设置字体时，如果没有所需要的中文字体，可以打开＿＿＿＿＿＿＿对话框进行添加。

　　3．执行【格式】|【对齐】菜单命令，文本的对齐方式有＿＿＿＿＿＿＿、＿＿＿＿＿＿＿、＿＿＿＿＿＿＿、＿＿＿＿＿＿＿4 种。

三、简述题

1．什么是图像映像？如何创建图像映像？

2．在文档中插入鼠标经过图像时先要准备几副图像？如何操作？

3．如何设置水平线和图像边框的颜色？

四、实践题

1．在项目3实践题的"个人简介"表中输入自己的相关信息，并插入自己的照片。

2．打开项目3使用表格布局的"乐淘网"首页页面，插入导航条、文本和图像等元素，首页页面效果如图4-63所示。

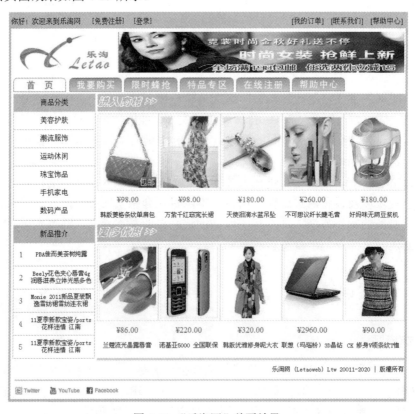

图4-63 "乐淘网"首页效果

项目 5

批量制作网页——模板与库的应用

知识要点

★ 认识资源面板
★ 掌握模板与库项目的创建方法
★ 掌握基于模板创建网页的方法
★ 掌握向网页添加库项目的方法

5.1 网页展示：基于模板的"目的地"页面下的子页面

本项目使用模板和库项目制作"目的地"页面下的子页面。在"乐途网"一级页面"目的地"下面有 5 个子页面"北京"、"黄山"等，其布局、风格一致，模板实际上就是具有固定布局和风格的文件，模板的功能很强大，通过定义和锁定可编辑区域可以保护模板的布局和风格不会被修改，只有在可编辑区域中才能输入新的内容，使用模板可以批量制作固定布局和风格的网页。模板和子页面效果分别如图 5-1 和图 5-2 所示。

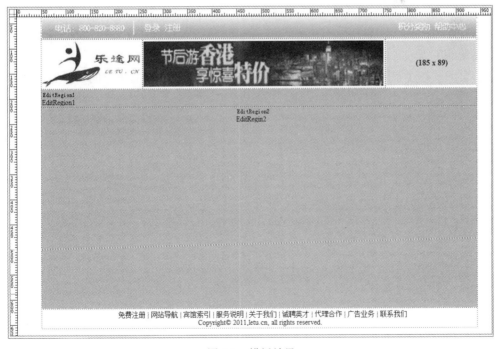

图 5-1　模板效果

图 5-2　"北京"子页面效果

5.2　网页制作

5.2.1　创建模板

步骤 1　启动 Dreamweaver CS6，在"乐途网"站点中，执行【窗口】|【资源】命令，打开【资源】面板，如图 5-3 所示。

步骤 2　在【资源】面板中单击"模板"按钮，再单击右下方的"新建模板"按钮，输入新模板名称"mudidimoban"，如图 5-4 所示。

图 5-3　【资源】面板　　　　　　图 5-4　资源面板——模板

步骤 3 在【资源】面板的模板列表中，选中"mudidimoban"模板文档，双击打开该模板，在【设计】视图中设计网页，效果如图 5-5 所示。

图 5-5 设计模板文档的页面

提示：

设计网页可以参考项目 9 的任务 4 "制作顶部框架页面"和任务 5 "制作下侧框架页面"。

步骤 4 在文档下方表格的第一行中定位光标，执行【插入】|【模板对象】|【可编辑区域】菜单命令，弹出【新建可编辑区域】对话框，如图 5-6 所示。

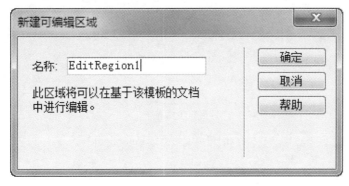

图 5-6 【新建可编辑区域】对话框

步骤 5 在【新建可编辑区域】对话框中的"名称"文本框中可输入名称，"EditRegion1"为默认名称。 单击"确定"按钮，创建可编辑区域，效果如图 5-7 所示。

步骤 6 在文档中表格的第二行中定位光标，用与步骤 4、5 同样的方法创建可编辑区域 EditRegion2，效果如图 5-8 所示。

图 5-7　创建可编辑区域 EditRegion1

82

图 5-8　创建可编辑区域 EditRegion2

5.2.2　利用模板创建网页

步骤 1　执行【文件】|【新建】菜单命令，打开【新建文档】对话框。

步骤 2　在【新建文档】对话框中选择【模板中的页】选项，从中选择存储的模板对象 "mudidimoban"，如图 5-9 所示。

步骤 3　单击 "创建" 按钮　创建(R)　，即可用模板创建网页文档，文档保存为 beijing.html。如图 5-10 所示。

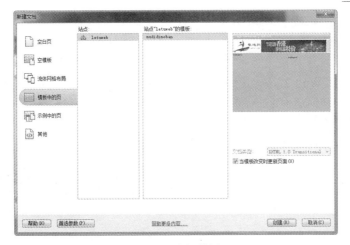

图 5-9 选择模板

图 5-10 利用模板创建的网页

步骤 4 在可编辑区域 EditRegion1 中定位光标，输入文本"当前位置>目的地>北京"，如图 5-11 所示。

图 5-11 可编辑区域 EditRegion1 的文本

步骤5　在可编辑区域 EditRegion2 中定位光标，执行【插入】|【表格】菜单命令，打开【表格】对话框，插入表格为 4 行 1 列，表格宽度为 97%，参数设置如图 5-12 所示。

步骤6　依次设置表格第一行单元格属性，水平方式为居中对齐，高 50 像素，背景颜色为白色（即#FFFFFF）；第二行单元格属性，水平方式为左对齐，高 70 像素，背景颜色为白色（即#FFFFFF）；第三行单元格属性，水平方式为居中对齐，高 500 像素，背景颜色为白色（即#FFFFFF）；第四行单元格属性，水平方式为左对齐，高 140 像素，背景颜色为白色（即#FFFFFF）；设置完毕后效果如图 5-13 所示。

图 5-12　【表格】对话框中设置参数

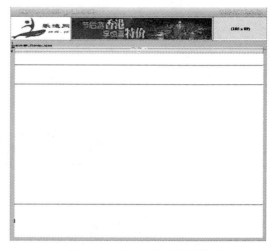

图 5-13　插入表格后页面效果

步骤7　依次在可编辑区域 EditRegion2 表格第一行、第二行、第四行单元格输入文字，如图 5-14 所示。

图 5-14　插入文字后页面效果

5.2.3　创建库项目

步骤1　在"乐途网"站点中，执行【窗口】|【资源】菜单命令，打开【资源】面板，

如图 5-15 所示，在【资源】面板中单击"库"图标。

步骤 2 在【资源】面板的右下方单击"新建库项目"按钮，将库的"名称"由默认名 Untitled 改为"travel"，如图 5-16 所示。

图 5-15 【资源】面板中的库   图 5-16 【资源】面板——库项目

步骤 3 在【资源】面板的"库"列表中，选中"travel"库项目，双击打开该库，在【设计】视图中，向 travel.lbi 添加表格、图像内容，效果如图 5-17 所示。

图 5-17 "travel"库文档的内容

5.2.4 应用库项目

步骤 1 执行【文件】|【打开】菜单命令，弹出【打开】对话框，在该对话框中选择站点根目录"ch5"文件夹中的"beijing.html"文件，单击"打开"按钮将其打开，如图 5-18 所示。

图 5-18 打开"beijing.html"文件

步骤 2 选择【窗口】|【资源】命令，打开【资源】面板，在【资源】面板中单击"库"按钮，显示站点中的库项目，如图 5-19 所示。

图 5-19 查看库项目

步骤 3 将光标放置在可编辑区域 EditRegion2 的第三行空白处，在【资源】面板中选择要插入的库项目"travel"，单击左下角的"插入"按钮。

步骤 4 保存文档，按"F12"键，预览效果如图 5-2 所示。

5.3 知识链接

5.3.1 创建模板

Dreamweaver 模板是一种特殊类型的文档，用于设计"固定的"页面布局；用户可以基于模板创建文档，创建的文档会继承模板的页面布局。设计模板时，可以指定在基于模板的文档中用户"可编辑"哪些区域。使用模板可以控制大的设计区域，以及重复使用完整的布局，一次更新多个页面。

在 Dreamweaver CS6 中可以通过两种方法创建模板。

▶1. 将现有文档保存为模板

将现有文档保存为模板的具体操作步骤如下。

步骤 1 执行【文件】|【打开】菜单命令，弹出【打开】对话框，在该对话框中选择站点根目录"ch5"文件夹中的"beijing.html"文件，单击"打开"按钮将其打开。

步骤 2 执行【文件】|【另存为模板】命令，弹出【另存模板】对话框。

步骤 3 在【另存模板】对话框中的【站点】下拉列表中选择站点的位置为"乐途网"，在【另存为】文本框中输入模板的名称为 BeijingMoban，如图 5-20 所示。

图 5-20　输入模板名称

步骤 4 单击"保存"按钮，弹出【更新链接】提示框，如图 5-21 所示。单击"是"按钮，更新链接并保存为模板。

图 5-21　【更新链接】提示框

▶2. 创建空白模板

执行【窗口】|【资源】菜单命令，在打开的【资源】面板中单击左侧的"模板"按钮，再单击右下方的"新建模板"按钮，可以直接创建空白模板。

5.3.2　定义模板可编辑区域

模板创建好以后，要在模板中建立可编辑区域，可编辑区域是基于模板的文档中未锁定的区域，也就是用户可以编辑的部分。要使模板生效，其中至少应该包含一个可编辑区域，只有在可编辑区域里，用户才可以编辑网页内容。可以将网页上任意选中的区域设置为可编辑区域。

1. 新建可编辑区域

在 Dreamweaver CS6 中新建可编辑区域的具体操作步骤如下。

步骤 1 创建空白模板，在【设计】视图中，执行【插入】|【模板对象】|【可编辑区域】菜单命令，弹出【新建可编辑区域】对话框。

步骤 2 在【新建可编辑区域】对话框中的"名称"文本框中输入可编辑区域的名称，默认名称为"EditRegion1"。

步骤 3 单击"确定"按钮，创建可编辑区域，如图 5-22 所示。

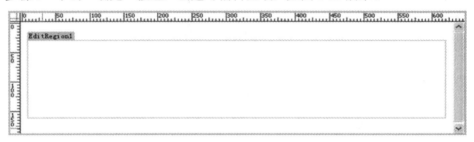

图 5-22　新建可编辑区域

2. 删除可编辑区域

在 Dreamweaver CS6 中删除可编辑区域的具体操作步骤如下。

步骤 1 执行【文件】|【打开】菜单命令，弹出【打开】对话框，在该对话框中选择站点根目录"Templates"文件夹中的"mb.dwt"模板文件，单击"打开"按钮将其打开，如图 5-23 所示。

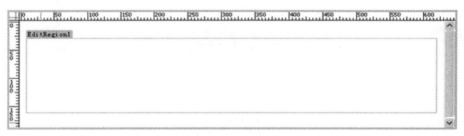

图 5-23　打开的模板文件

步骤 2 将光标放在可编辑区域 EditRegion1 中，执行【修改】|【模板】|【删除模板标记】菜单命令，即可删除选中的可编辑区域。

5.3.3　创建基于模板的文档

创建模板以后，用户就可以应用模板快速、高效地设计出风格一致的网页了。需要时，也可以通过修改模板来快速、自动更新使用模板设计的网页，使网页的维护工作变得轻松、快捷。

1. 使用新文档对话框创建基于模板的文档

执行【文件】|【新建】菜单命令，在打开的【新建文档】对话框中选择【模板中的

页】选项，单击"创建"按钮，可以直接创建基于模板的文档。

▶ 2. 使用资源面板创建基于模板的文档

使用资源面板创建基于模板的文档的具体操作步骤如下。

步骤 1 执行【窗口】|【资源】菜单命令，打开【资源】面板，在【资源】面板中单击"模板"按钮，再在模板列表上单击所选模板即可，如图 5-24 所示。

图 5-24 【资源】模板中的模板列表

步骤 2 在选中的模板上点击鼠标右键，从弹出的快捷菜单中选择【从模板新建】命令，即可创建基于该模板的文档，如图 5-25 所示。

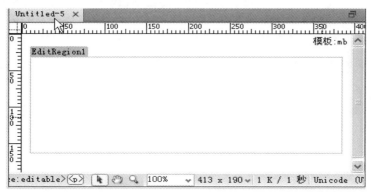

图 5-25 基于模板创建的文档

▶ 3. 更新基于模板的文档

更改并保存模板时，Dreamweaver CS6 可以自动更新基于该模板的所有文档。用户也可以手动更新基于模板的文档，手动更新基于模板的文档的具体操作步骤如下。

步骤 1 执行【窗口】|【资源】菜单命令，在打开的【资源】面板中单击"模板"按钮，选择"moban.dwt"模板，单击右下方的"编辑"按钮，或双击模板文件，打开模板。

步骤 2 修改模板后，执行【文件】|【保存】菜单命令，弹出【更新模板文件】对话框，如图 5-26 所示。

图 5-26　【更新模板文件】对话框

步骤 3　单击"更新"按钮，将弹出【更新页面】对话框，如图 5-27 所示。

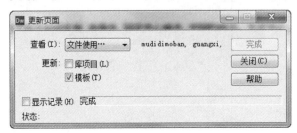

图 5-27　【更新页面】对话框

步骤 4　单击"关闭"按钮，关闭对话框。完成更新基于模板的文档。

▶4．将文档同模板分离

在网页的制作过程中，如果需要修改基于模板的文档的不可编辑区域，则必须先把该文档从模板中分离出来。文档被分离出来后，该文档中所有区域都将变为可编辑的，而且之后再更新模板时对分离出来的文档不起作用。从模板中分离文档的具体操作步骤如下。

步骤 1　执行【文件】|【打开】菜单命令，在弹出的【打开】对话框中选择从模板中分离的文档。

步骤 2　执行【修改】|【模板】|【从模板中分离】菜单命令，即该文档将从模板中分离出来。

5.3.4　设置模板参数

模板参数指示控制基于模板的文档中的内容的值。模板参数可用于可选区域或可编辑标签属性，也可用于设置要传递给附加的文档的值。需要为每个参数选择名称、数据类型和默认值。这些参数必须是以下五种许可的数据类型中的一种：文本、布尔型、颜色、URL 或数字。

模板参数作为实例参数传递到文档中，基于该模板的文档会自动继承这些参数以及它们的初始值设置。例如，使用 Dreamweaver 的突出显示参数设置，可以自定义模板的可编辑区和锁定区的突出显示颜色。可编辑区颜色在模板文档中显示，而锁定区颜色则在使用模板的文档中显示。设置模板的突出显示颜色的操作步骤如下。

步骤 1　执行【编辑】|【首选参数】菜单命令，打开【首选参数】对话框，如图 5-28 所示。

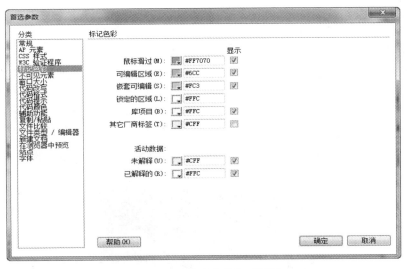

图 5-28　【首选参数】对话框

步骤 2　在【首选参数】对话框左侧的"分类"列表中选择"标记色彩"选项。

步骤 3　单击"可编辑区域"、"嵌套区域"或"锁定区域"颜色框，使用颜色选择器来选择一种高亮颜色（或在框中输入高亮颜色的十六进制值）。

步骤 4　在"显示"复项框内进行勾选，用于在"文档"窗口中启用或禁用颜色显示，再单击"确定"按钮。

5.3.5　使用库项目

库是一种特殊的 Dreamweaver 文件，其中包含可放置到 Web 页中的一组单个资源或资源副本。库中的这些资源称为库项目。可在库中存储的项目包括图像、表格、声音和使用 Adobe Flash 创建的文件。每当编辑某个库项目时，可以自动更新所有使用该项目的页面。Dreamweaver 将库项目存储在每个站点的本地根文件夹下的 Library 文件夹中。每个站点都有自己的库。

▶ 1. 认识"资源"面板中的库

资源是指网站中用到的图片、颜色、链接、动画等元素，执行【窗口】|【资源】菜单命令，打开【资源】面板。

在【资源】面板中单击"库"按钮 📖，显示站点中的库项目，如图 5-29 所示。

图 5-29　【资源】面板中的库项目

2. 创建库项目

在使用库项目之前，首先要创建库项目，创建库项目的具体操作步骤如下。

步骤1 执行【窗口】|【资源】菜单命令，打开【资源】面板，选择面板左侧的"库"按钮📖。

步骤2 在【资源】面板中单击面板底部的"新建库项目"按钮➕，输入库名称"travel"，默认库名称为 Untitled。

步骤3 双击打开库项目"travel"，在 travel.lbi 中添加文本、表格、图像等内容，如图 5-30 所示。

图 5-30 "travel"库文档的内容

步骤4 执行【文件】|【保存】菜单命令，创建库项目完成。

3. 插入库项目

库项目创建完成后，就可以插入库项目到网页中，插入库项目的具体操作步骤如下。

步骤1 执行【文件】|【新建】菜单命令，打开【新建文档】对话框，选择空白页，单击"创建"按钮，创建一个空白的 html 文档。

步骤2 执行【窗口】|【资源】菜单命令，打开【资源】面板。

步骤3 单击【资源】面板中左侧的"库"按钮📖，显示站点中的库项目。

步骤4 把光标放置在要插入库的位置，在【资源】面板中选择要插入的库项目，然后在面板的左下角单击"插入"按钮，效果如图 5-31 所示。

图 5-31 插入"travel"库项目的网页

步骤 5 保存文档，并按"F12"键预览效果。

5.3.6 编辑库项目

1. 认识库项目属性面板

使用【库项目】属性面板可以设置项目属性，包括指定项目的源文件，使库项目可编辑，或在编辑之后重建等。选中库项目，可打开【库项目】属性面板，如图 5-32 所示。

图 5-32 【库项目】属性面板

【库项目】属性面板中各选项的作用说明如下。

● Src：显示库项目的源文件名字和存放位置。

● 打开：打开库项目的源文件。

● 从源文件中分离：切断选定库项目与其源文件之间的联系。当一个库项目与其源文件分离之后，就再也不是库项目了，因此可以对它进行编辑。

● 重新创建：使用当前选择覆盖原库项目。如果库文件不在，或库项目名已改变，或库项目已被修改，均可使用本选项来重建库项目。

2. 修改库项目

当编辑库项目时，可以更新使用该项目的所有文档。如果选择不更新，那么文档将保持与库项目的关联，可以在以后更新它们。修改库项目的具体操作步骤如下。

步骤 1 执行【窗口】|【资源】菜单命令，打开【资源】面板。

步骤 2 单击【资源】面板中左侧的"库"按钮 📖，显示站点中的库项目，然后双击所需修改的库项目或单击"编辑"按钮 🖉，打开该库项目。

步骤 3 修改库项目中的内容后，保存该库项目，弹出【更新库项目】对话框，如图 5-33 所示。

图 5-33 【更新库项目】对话框

步骤 4 单击"更新"按钮，将弹出【更新页面】对话框，如图 5-34 所示；单击"关闭"按钮，完成修改库项目的操作。

图 5-34 【更新页面】对话框

3. 删除库项目

删除库项目的具体操作步骤如下。

步骤1 执行【窗口】|【资源】菜单命令，打开【资源】面板。

步骤2 单击【资源】面板中左侧的"库"按钮，显示站点中的库项目，选择所要删除的库项目，单击"删除"按钮，或单击鼠标右键在快捷菜单中选择"删除"命令，弹出【删除提示】对话框，单击"是"按钮，即可删除该库项目。

4. 重命名库项目

重命名库项目的具体操作步骤如下。

步骤1 选择【窗口】|【资源】菜单命令，打开【资源】面板。

步骤2 单击【资源】面板中左侧的"库"按钮，显示站点中的库项目，选择所要重命名的库项目，单击鼠标右键，在快捷菜单中选择"重命名"命令。

步骤3 输入新的库项目名称，按"Enter"键，完成重命名库项目的操作。

5.3.7 利用库项目更新网站

利用库项目更新网站的具体操作步骤如下。

步骤1 执行【修改】|【库】|【更新页面】菜单命令，打开【更新页面】对话框。

步骤2 在【查看】下拉列表中选择"整个站点"选项，在后面的下拉列表框中选择相应的站点，在【更新】选项组中选择"库项目"复选框，并选择"显示记录"复选框，将在下面的文本框中显示更新的记录。

步骤3 单击"开始"按钮，Dreamweaver 将自动更新，如图 5-35 所示；单击"关闭"按钮，关闭对话框，完成利用库项目更新网站的操作。

图 5-35 【更新页面】对话框更新库项目

5.4 总结提升

利用【资源】面板可以重复调用站点资源，极大地提高资源的利用率。使用模板和库可以使网站维护变得很轻松，尤其是对一个规模较大的网站进行维护时，更能体会到使用模板的好处。

资源是建立页面和站点的物质基础。在 Dreamweaver CS6 中使用【资源】面板可以轻松管理和组织站点资源。资源主要包括图像、颜色、链接、Flash、Shockwave、影片、脚本、模板和库等。

本项目以"乐途网"为例，介绍了模板、库与资源的使用方法，包括模板与库的创建、修改、删除、更新网页以及资源面板的使用等内容。通过本项目的学习，读者将会如何创建模板与库以及如何根据模板与库创建和更新网页，并能充分利用资源使创建站点更快捷方便。

▽ 5.5　拓展训练

一、选择题

1．如要更改基于模板的文档的（　　），必须将该文档从模板中分离出来。将文档分离之后，整个文档都将变为可编辑的。

A．锁定区域　　　　B．可编辑区域　　　　C．重复区域　　　D．可显示区域

2．库项目的保存格式为（　　）。

A．.dwt　　　　　　B．.doc　　　　　　　C．.lbi　　　　　　D．.html

3．（　　）是指网站中用到的图片、颜色、链接、动画等元素。

A．库项目　　　　　B．模板　　　　　　　C．资源　　　　　D．素材

二、填空题

1．_____是一种特殊类型的文档，用于设计"固定的"页面布局；用户可以基于模板创建文档，创建的文档会继承模板的页面布局。

2．_____是一种特殊的 Dreamweaver 文件，其中包含可放置到 Web 页中的一组单个资源或资源副本。

3．若要更改基于模板的文档的锁定区域，必须将该文档从模板中分离出来，选择【修改】|【模板】|【_____】命令。

三、简述题

1．什么是模板？

2．如何在网页中插入库项目？

四、实践题

运用模板与库项目知识，在"乐淘网"的"特品专区"栏目页下创建二级子页面的模板。

操作提示：

① 在"letaoweb"站点下的文件夹"ch5"中创建模板文档 tpzq-zy.dwt，并保存模板。

② 用表格布局模板，插入网页元素。

③ 定义可编辑区域，效果如图 5-36 所示。

④ 在项目 6 中"拓展训练"的"实践题"下，再创建基于模板的"特品专区"栏目页下的子页面，详细内容见项目 6 的相关部分。

图 5-36　模板效果

项 目 *6*

丰富视听效果——应用多媒体元素

知识要点

- ★ 掌握使用模板批量创建网页
- ★ 掌握插入 Flash 动画、文本及其属性设置的方法
- ★ 掌握插入 Shockwave 对象及其属性设置的方法
- ★ 掌握插入 Java Applets 程序的方法
- ★ 掌握插入 ActiveX 控件的方法
- ★ 掌握在网页中插入背景音乐、视频的方法

6.1 网页展示：在"目的地"子页面中应用多媒体元素

在网页中应用多媒体效果十分普遍，例如插入 Flash 动画、视频、声音、Java Applet 等使网页富于变化、动感十足。

在"乐途网"的"目的地"子页面中分别插入了 Flash 动画、FLV 动画、FlashPaper 文本、背景音乐和 Java Applets 程序等，网页效果如图 6-1 所示。

图 6-1 插入多媒体元素

6.2 网页制作

6.2.1 在"桂林"子页中插入 SWF

步骤 1 启动 Dreamweaver CS6 后，利用模板创建网页，执行【文件】|【新建】菜单命令，打开【新建文档】对话框，选择"模板中的页"选项，从中选择"mudidimoban"，如图 6-2 所示。

步骤 2 单击"创建"按钮，即可利用模板创建网页文档，保存并命名为"guangxi.html"，如图 6-3 所示。

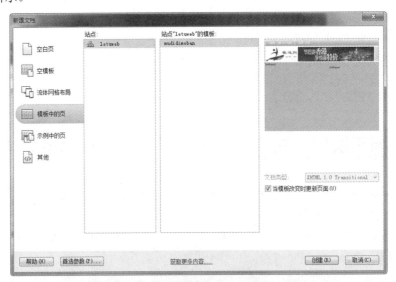

图 6-2 在【新建文档】窗口中选择模板

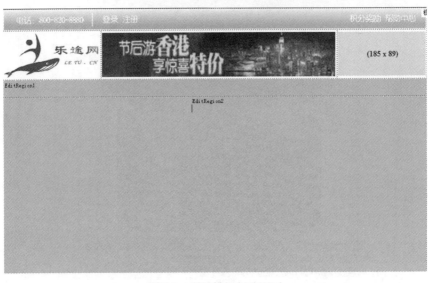

图 6-3 利用模板创建网页

步骤 3　在可编辑区域 EditRegion1 中定位光标，输入文本"当前位置>目的地>桂林"，如图 6-4 所示。

图 6-4　在可编辑区域 EditRegion1 输入文本

步骤 4　在可编辑区域 EditRegion2 中定位光标，执行【插入】|【表格】菜单命令，插入表格为 4 行 1 列，表格宽度 97%，设置如图 6-5 所示。

步骤 5　设置表格第一行单元格属性，水平方式为居中对齐，高 50 像素，背景颜色为白色（即#FFFFFF）；第二行单元格属性，水平方式为左对齐，高 70 像素，背景颜色为白色（即#FFFFFF）；设置第三行单元格属性，水平方式为居中对齐，高 500 像素，背景颜色为白色（即#FFFFFF）；设置第四行单元格属性，水平方式为左对齐，高 140 像素，背景颜色为白色（即#FFFFFF）；设置完毕后表格效果如图 6-6 所示。

图 6-5　【表格】对话框中设置参数　　　　图 6-6　对表格设置后的页面效果

步骤 6　依次在可编辑区域 EditRegion2 中表格的第一行、第二行、第四行单元格输入文字，如图 6-7 所示。

步骤 7　在表格的空白单元格中定位光标，执行【插入】|【媒体】|【SWF】菜单命令，在弹出的【选择 SWF】对话框中选择文件"桂林.swf"，如图 6-8 所示。单击"确定"按钮，在出现如图 6-9 所示的提示框中单击"是"按钮。

图 6-7　插入文字后页面效果

图 6-8　在【选择 SWF】对话框中选择文件

图 6-9　显示提示信息

　　步骤 8　在弹出的【复制文件为】对话框中选择路径"D：\letuweb\ch6\img"，如图 6-10 所示。

图 6-10　在【复制文件为】对话框中选择复制文件路径

步骤9 单击"保存"按钮,在弹出的【对象标签辅助功能属性】对话框中输入标题等,如图6-11所示。

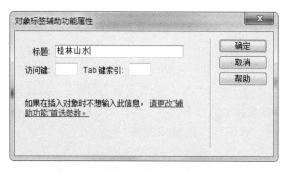

图6-11 【对象标签辅助功能属性】对话框

步骤10 单击"确定"按钮,即完成了SWF的插入。在文档中插入SWF后的显示效果如图6-12所示。

图6-12 在文档中插入SWF对象

步骤11 单击"在浏览器中预览"按钮 ,预览效果如图6-13所示。

图6-13 插入SWF的预览效果

6.2.2 在"北京"子页中插入 FLV 视频

步骤 1 启动 Dreamweaver CS6 后，利用模板创建网页，执行【文件】|【新建】菜单命令，打开【新建文档】对话框，选择【模板中的页】选项，从中选择"mudidimoban"，同上一小节操作。

步骤 2 单击"创建"按钮，即可利用模板创建网页文档，并命名为"beijing.html"。在可编辑区域 EditRegion1 中定位光标，输入文本"当前位置>目的地>北京"，在可编辑区域 EditRegion2 中定位光标，执行【插入】|【表格】菜单命令，插入表格为 4 行 1 列，表格宽度 97%，同上一小节操作。效果如图 6-14 所示。

图 6-14 插入表格后的预览效果

步骤 3 设置表格第一行单元格属性，水平方式为居中对齐，高 40 像素，背景颜色为白色（即#FFFFFF）；第二行单元格属性，水平方式为左对齐，高 80 像素，背景颜色为白色（即#FFFFFF）；设置第三行单元格属性，水平方式为居中对齐，高 460 像素，背景颜色为白色（即#FFFFFF）；设置第四行单元格属性，水平方式为左对齐，高 90 像素，背景颜色为白色（即#FFFFFF）；设置完毕后，效果如图 6-15 所示。

步骤 4 依次在可编辑区域 EditRegion2 中表格的第一行、第二行、第四行单元格输入文字，如图 6-16 所示。

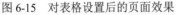

图 6-15 对表格设置后的页面效果　　　　图 6-16 输入文字后效果

步骤 5 在表格的空白单元格中定位光标，执行【插入】|【媒体】|【FLV】菜单

命令，弹出【插入 FLV】对话框，如图 6-17 所示。

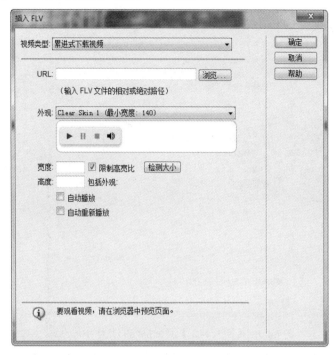

图 6-17　【插入 FLV】对话框

步骤 6　单击"URL"右侧的"浏览"按钮，在弹出的【选择 FLV】对话框中选择文件"北京.flv"，如图 6-18 所示。

步骤 7　单击"确定"按钮，在弹出的【复制文件为】对话框中选择路径"D：\letuweb\ch6\img"，如图 6-19 所示。

图 6-18　选择文件　　　　　　　图 6-19　【复制文件为】对话框

步骤 8　单击"保存"按钮，返回【插入 FLV】对话框，其他参数设置如图 6-20 所示。

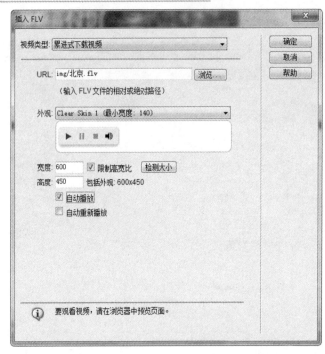

图 6-20　【插入 FLV】对话框内的其他参数设置

步骤 9　单击"确定"按钮，即完成 FLV 动画的插入。在文档中插入 FLV 对象后，显示效果如图 6-21 所示。

图 6-21　在文档中插入 FLV 对象

提示：

在插入不同多媒体元素的操作中，有一些相同的步骤和对话框设置，之后不再赘述。

步骤 10　单击"在浏览器中预览"按钮，预览效果如图 6-22 所示。

图 6-22　插入 FLV 对象的预览效果

6.2.3　在"预订酒店"子页中插入 SWF——FlashPaper 文本

步骤 1　启动 Dreamweaver CS6 后，利用模板创建网页，执行【文件】|【新建】菜单命令，打开【新建文档】对话框，选择【模板中的页】选项，从中选择"mudidimoban"，同上一小节操作。

步骤 2　单击"创建"按钮，即可利用模板创建网页文档，并命名为"QA.html"。在可编辑区域 EditRegion1 中定位光标，输入文本"当前位置>目的地>酒店预订"， 在可编辑区域 EditRegion2 中定位光标，执行【插入】|【表格】菜单命令，插入表格为 2 行 1 列，表格宽度 97%，同上一小节操作。

步骤 3　设置表格第一行单元格属性，水平方式为居中对齐，高 70 像素，背景颜色为白色（即#FFFFFF）；设置第二行单元格属性，水平方式为居中对齐，高 450 像素，背景颜色为白色（即#FFFFFF）。设置完毕后，在表格第一行输入文字，如图 6-23 所示。

图 6-23　对表格设置后的页面效果

步骤 4　在表格的空白单元格中定位光标，执行【插入】|【媒体】|【SWF】菜单命令，在弹出的【选择文件】对话框中选择文件"QA.swf"，单击"确定"按钮，出现的

【是否将文件复制到文件夹】的提示框，单击"是"按钮。

　　步骤5　在弹出的【复制文件为】对话框中选择路径"D:\letuweb\ch6\img"，单击"保存"按钮，在弹出的【对象标签辅助功能属性】对话框中输入标题等，如图 6-24 所示。

图 6-24　【对象标签辅助功能属性】对话框

　　步骤6　单击"确定"按钮，即完成了 SWF——FlashPaper 的插入。显示效果如图 6-25 所示。

图 6-25　在文档中插入 FlashPaper 对象

　　步骤7　单击"在浏览器中预览"按钮，预览效果如图 6-26 所示。

图 6-26　插入 FlashPaper 对象的预览效果

6.2.4 在"苏州园林"子页中插入背景音乐

步骤 1 启动 Dreamweaver CS6 后，利用模板创建网页，执行【文件】|【新建】菜单命令，打开【新建文档】对话框，选择【模板中的页】选项，从中选择"mudidimoban"，同上一小节操作。

步骤 2 单击"创建"按钮，即可利用模板创建网页文档，并命名为："jiangsu.html"。在可编辑区域 EditRegion1 中定位光标，输入文本"当前位置>目的地>苏州"，在可编辑区域 EditRegion2 中定位光标，执行【插入】|【表格】菜单命令，插入表格为 4 行 1 列，表格宽度 97%，同上一小节操作。

步骤 3 设置表格第一行单元格属性，水平方式为居中对齐，高 60 像素，背景颜色为白色（即#FFFFFF）；设置第二行单元格属性，水平方式为左对齐，高 100 像素，背景颜色为白色（即#FFFFFF）；设置第三行单元格属性，水平方式为居中对齐，高 450 像素，背景颜色为白色（即#FFFFFF）；设置第四行单元格属性，水平方式为左对齐，高 70 像素，背景颜色为白色（即#FFFFFF）；参考"桂林"子页面操作。

步骤 4 依次在可编辑区域 EditRegion2 中表格的第一行、第二行、第四行单元格输入文字，第三行插入图像"苏州园林 1.jpg"，如图 6-27 所示。

图 6-27 "苏州园林"页面效果

步骤 5 在表格的空白处定位光标，执行【插入】|【媒体】|【插件】菜单命令，弹出【选择文件】对话框，选择文件"江南好.mp3"，如图 6-28 所示。

步骤 6 单击"确定"按钮，即完成了背景音乐的插入，显示效果如图 6-29 所示。

步骤 7 在【插件】属性面板中输入"宽"和"高"的值均为 0，如图 6-30 所示，表示隐藏该插件对象。

步骤 8 单击"在浏览器中预览"按钮，预览网页时，即可播放优美的音乐。

图 6-28　【选择文件】对话框　　　　　图 6-29　在文档中插入插件对象

图 6-30　【插件】属性面板

6.2.5　在"黄山"子页中插入 Java Applets 程序

步骤 1　启动 Dreamweaver CS6 后，利用模板创建网页，执行【文件】|【新建】菜单命令，打开【新建文档】对话框，选择【模板中的页】选项，从中选择"mudidimoban"，同上一小节操作。

步骤 2　单击"创建"按钮，即可利用模板创建网页文档，并命名为"huangshan.html"。在可编辑区域 EditRegion1 中定位光标，输入文本"当前位置>目的地>黄山"，在可编辑区域 EditRegion2 中定位光标，执行【插入】|【表格】菜单命令，插入表格为 4 行 1 列，表格宽度 97%，同上一小节操作。

步骤 3　设置表格第一行单元格属性，水平方式为居中对齐，高 40 像素，背景颜色为白色（即#FFFFFF）；第二行单元格属性，水平方式为左对齐，高 90 像素，背景颜色为白色（即#FFFFFF）；设置第三行单元格属性，水平方式为居中对齐，高 400 像素，背景颜色为白色（即#FFFFFF）；设置第四行单元格属性，水平方式为左对齐，高 70 像素，背景颜色为白色（即#FFFFFF）；参考"桂林"子页面操作。

步骤 4　依次在可编辑区域 EditRegion2 中表格的第一行、第二行、第四行单元格输入文字，如图 6-31 所示。

步骤 5　在表格的空白单元格中定位光标，执行【插入】|【媒体】|【Applet】菜单命令，在弹出的【选择文件】对话框中选择文件"ShowImage.class"，如图 6-32 所示。

步骤 6　单击"确定"按钮，在如图 6-33 所示的提示框中输入"替换文本"和"标题"后，单击"确定"按钮。

图 6-31 "黄山"页面效果

图 6-32 【选择文件】对话框

图 6-33 【Applet 标签辅助功能属性】对话框

步骤 7 单击"确定"按钮,即完成了 Java Applets 动画的插入。设置 Applets 对象的属性,宽为 300,高为 350,在文档中插入 Applets 对象后的显示效果如图 6-34 所示。

步骤 8 单击"在浏览器中预览"按钮 ,预览效果如图 6-35 所示。

图 6-34 在文档中插入 Applets 对象

图 6-35 插入 Applets 对象的预览效果

提示：

在网页中插入 Java Applets 后，在网页中预览必须安装 Java 插件，否则无法预览 Java Applets 效果。

6.2.6 在"九寨沟"子页中插入 Shockwave 影片

步骤 1 鉴于目的地页面布局大致相同，可以直接打开"huangshan.html"，另存为"sichuan.html"。

步骤 2 在可编辑区域 EditRegion1 中定位光标，修改文本为"当前位置>目的地>九寨沟"。

步骤 3 在可编辑区域 EditRegion2 中定位光标，将所有关于"黄山"的文字内容改为"九寨沟"的文字，如图 6-36 所示。

图 6-36 使用已有文档另存为新文档

步骤 4 在表格的空白单元格中定位光标，执行【插入】|【媒体】|【Shockwave】菜单命令，在弹出的【选择文件】对话框中选择文件"jiuzhai.dcr"，如图 6-37 所示。

步骤 5 单击"确定"按钮，在如图 6-38 所示的提示框中输入"标题"后，单击"确定"按钮。

步骤 6 单击"确定"按钮，即完成了 Shockwave 的插入。设置 Shockwave 属性，宽为 615，高为 466，在文档中插入 Shockwave 影片后的显示效果如图 6-39 所示。

步骤 7 单击"在浏览器中预览"按钮，首次运行，网页提示安装 Adobe Shockwave Player，如图 6-40 所示。最终运行效果如图 6-41 所示。

图 6-37　【选择文件】对话框

图 6-38　【对象标签辅助功能属性】对话框

图 6-39　在文档中插入 Shockwave 后的页面效果

图 6-40　网页中提示安装 Adobe Shockwave Player 插件

图 6-41　插入 Shockwave 的最终预览效果

提示：

在网页中插入 Shockwave 影片（格式为".dcr"）后，浏览器必须安装 Adobe Shockwave Player 插件，否则无法预览 Shockwave 影片效果。

6.2.7　在"海南三亚"子页中插入视频

步骤 1　鉴于目的地页面布局大致相同，可以直接打开"huangshan.html"，另存为 hainan.html。

步骤 2　在可编辑区域 EditRegion1 中定位光标，修改文本为"当前位置>目的地>海南三亚"。

步骤 3　在可编辑区域 EditRegion2 中定位光标，将所有关于"黄山"的文字内容改为"海南三亚"的文字，如图 6-42 所示。

步骤 4　在表格的空白单元格中定位光标，执行【插入】|【媒体】|【插件】菜单命令，在弹出的【选择文件】对话框中选择文件"hainan.wmv"，如图 6-43 所示。

步骤 5　单击"确定"按钮，即完成了 wmv 视频的插入。设置插件属性，宽为 553，高为 385，在文档中插入 wmv 影片后的显示效果如图 6-44 所示。

图 6-42　使用已有文档另存为新文档

图 6-43　【选择文件】对话框

图 6-44　在文档中插入 wmv 视频后的页面效果

步骤 6　单击"在浏览器中预览"按钮，最终运行效果如图 6-45 所示。

提示：

在网页中插入视频后，浏览器必须安装相应视频播放插件，否则无法预览视频的效果。

图 6-45　插入视频后的最终预览效果

6.3　知识链接

随着多媒体技术的发展，网页的设计与制作已从最初单一的文字、图片内容发展为多种媒体集合的表现形式。多媒体是指计算机领域中的媒体和影视领域中的媒体的有机结合，并且具有交互功能，在网页中应用多媒体技术，可以增强网页的表现力，使网页更生动，从而激发访问者兴趣。

多媒体技术是指能够同时获取、处理、编辑、存储和展示两个以上不同类型信息媒体的技术，这些信息媒体包括文本、图像、音频、动画和视频等。

在 Dreamweaver CS6 中可以方便、快捷地插入和编辑多媒体对象和文件，例如使用 Flash 动画、声音、视频、Shockwave 影片、Java Applets 程序和 ActiveX 控件等。

6.3.1　网页中的多媒体对象

1. Flash 动画格式

Flash 是由 Adobe 公司推出的交互式矢量图和 Web 动画的标准，是目前网页上最流行的动画格式。Flash 动画将声音、图像和动画等内容加入到一个文件中，其动画效果华丽，并具有互动性，由于它是矢量的，所以缩放后图像不会失真。Flash 动画的文件体积小，便于在网上传播。

Flash 是矢量动画，源文件扩展名为 ".fla"，此类型的文件只能在 Flash 中打开，将它发布为 ".swf" 的格式，才能用于网络上传输，并在浏览器中使用。

2．Shockwave 动画格式

Shockwave 是由 Adobe 公司提供的网上流媒体播放技术，Shockwave 是由多媒体制作软件 Director 输出的，必须下载 Shockwave 插件才能观看。

Shockwave 是一种比 Flash 更加复杂的播放技术，它提供了强大的、可扩展的脚本引擎。Director 制作的 Shockwave 更多是基于点阵的动画，文件扩展名是".dcr"。

3．音频文件格式

WAV 是 Microsoft Windows 本身提供的音频格式，由于 Windows 本身的影响力，这个格式已经成为了事实上的通用音频格式。通常使用 WAV 格式都是用来保存一些没有压缩的音频，但实际上 WAV 格式的设计非常灵活，该格式本身与任何媒体数据都不冲突。

MP3（MPEG Audio Layer-3）具有压缩程度高、音质好的特点，所以 MP3 是目前最为流行的一种音乐文件。

MIDI（The Musical Instrument Digital Interface）中文名为乐器数字界面，可以利用多媒体计算机和电子乐器去创作、欣赏和研究音乐。

在网络上应用的音频格式还有 aif、ra、ram、rpm 等。

4．视频文件格式

Flash 视频（Flash Video）是一种新的视频格式，简称 FLV。由于它形成的文件极小、加载速度极快，使得网络观看视频文件成为可能，它的出现有效地解决了视频文件导入 Flash 后，使导出的 SWF 文件体积庞大，不能在网络上很好的使用等缺点。目前各在线视频网站均采用此视频格式，如新浪播客、优酷、土豆、酷 6 等无一例外。FLV 已经成为当前视频文件的主流格式。

AVI（Audio Video Interactive），把视频和音频编码混合在一起储存。AVI 格式限制比较多，只能有一个视频轨道和一个音频轨道（现在有非标准插件可加入最多两个音频轨道），还可以有一些附加轨道，如文字等。AVI 格式不提供任何控制功能。

WMV（Windows Media Video）是微软公司开发的一组数位视频编解码格式的通称，ASF（Advanced Systems Format）是其封装格式。

在网络上应用的视频格式还有 mpeg、rm、rmvb、mov 等。

6.3.2 插入 Flash 动画

Flash 动画可以制作出用于浏览时的导航控制、动画图标、生动且富于表现力的网页，在 Dreamweaver 中，Flash 动画是最常用的多媒体插件之一。

1．插入 Flash 动画

步骤 1 在文档内定位光标，执行【插入】|【媒体】|【SWF】菜单命令，或在【插入】面板中单击【常用】|【媒体】|【SWF】按钮，如图 6-46 所示。

步骤 2 在弹出的【选择文件】对话框中，选择文件"网络广告.swf"，如图 6-47 所示。

步骤 3 单击"确定"按钮，弹出有关复制文件的提示框，如图 6-48 所示，单击"是"按钮。

步骤4 在弹出的【复制文件为】对话框中选择保存位置并输入文件名，如图 6-49 所示。

图 6-46 【插入】浮动面板

图 6-47 【选择文件】对话框

图 6-48 有关复制文件的提示框

图 6-49 【复制文件为】对话框

步骤5 单击"保存"按钮，弹出【对象标签辅助功能属性】对话框，如图 6-50 所示。"对象标签辅助功能属性"对话框各项功能如下。

● 标题：媒体对象的标题。

● 访问键：输入等效的键盘键（一个字母）。例如，输入"A"作为快捷键，则可使用"Ctrl+A"组合键在浏览器中选择该对象。

● Tab 键索引：输入一个数字以指定该对象的 Tab 键顺序。

步骤6 在【对象标签辅助功能属性】对话框，单击"确定"按钮，即可完成 Flash 动画的插入。插入 Flash 动画后，文档页面中显示效果如图 6-51 所示。

图 6-50 【对象标签辅助功能属性】对话框

图 6-51 插入 Flash 动画后页面显示效果

步骤 7 单击"在浏览器中预览"按钮 ，预览效果如图 6-52 所示。

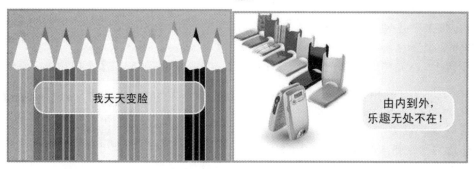

图 6-52　Flash 动画预览效果图

2. Flash 动画属性设置

选择 Flash 动画，其【属性】面板如图 6-53 所示，其中各项功能如下。

图 6-53　设置 Flash 动画属性

- 文件：Flash 动画的路径。单击文件夹图标可以选择一个文件，或直接键入文件路径及文件名。
- 源文件：指定 Flash 源文档（后缀名为".FLA"）的路径及文件名。
- 背景颜色：设置影片的背景颜色。
- 编辑：启动 Flash 软件以编辑 FLA 文件。
- 循环：勾选该项，影片将连续播放；否则影片只播放一次。
- 自动播放：勾选该项，则在加载页面时自动播放影片，一般要选中此项。
- 垂直边距：指定影片上、下空白的像素数。
- 水平边距：指定影片左、右空白的像素数。
- 品质：设置影片播放时的质量。品质越高，影片的观看效果就越好，但速度越慢。
  "高品质"选项注重的是品质而非速度。
  "自动低品质"选项首先注重速度，然后才是品质。
  "自动高品质"选项首先注重品质，然后才是速度。
- 比例：影片如何在文本框中匹配合适的尺寸。默认值为全部显示。有"无边框"和"严格匹配"两选项。
- 对齐：设置影片在页面上的对齐方式。
- Wmode：设置影片的透明度。
- 播放：在 Dreamweaver 文档中直接播放 Flash 动画。
- 参数：影片的附加参数。单击"参数"按钮，显示【参数】对话框，在对话框中可以设置参数值。

6.3.3 通过插入 SWF 实现 Flash 文本的插入

在 Dreamweaver 中可以插入所有 SWF 格式的动画，包括具有动态效果的 Flash 文本和 Flash 按钮等。

步骤 1 在文档内定位光标，执行【插入】|【媒体】|【SWF】菜单命令，或在【插入】面板中选择【常用】选项，单击"媒体"按钮，在下拉列表中单击"SWF"按钮 。弹出【选择 SWF】对话框。

步骤 2 在弹出的【选择 SWF】对话框中，选择需要的文件"教师节大事记.swf"；如图 6-54 所示。

步骤 3 单击"确定"按钮，完成 FlashPaper 的插入操作。在文档中插入 FlashPaper 后的显示效果如图 6-55 所示。

图 6-54 【选择 SWF】对话框　　　　图 6-55　文档中插入 FlashPaper 的显示效果

提示：

插入 Flash 文本与插入 Flash 动画有一些相同的步骤，这里不再赘述。

步骤 4 单击"在浏览器中预览"按钮 ，预览效果如图 6-56 所示。

图 6-56　FlashPaper 的预览效果

6.3.4 插入 FLV 视频

可以向网页中轻松添加 FLV 视频，而无须使用 Flash 工具。

步骤 1 执行【插入】|【媒体】|【FLV】菜单命令，或在【插入】面板中执行【常用】|【媒体】菜单命令，单击"FLV"按扭 ，打开【插入 FLV】对话框，如图 6-57 所示。

图 6-57 【插入 FLV】对话框

【插入 FLV】对话框各项功能如下。

- "视频类型"下拉列表中有 2 个选项。

  累进式下载视频：将 Flash 视频文件下载到站点访问者的硬盘上，然后播放。

  流视频：对 Flash 视频内容进行流式处理，边缓冲边播放该内容。

- URL：指定 FLV 文件的路径和文件名。
- 外观：指定 Flash 视频组件的外观。
- 宽度：以像素为单位指定 FLV 文件的宽度。
- 高度：以像素为单位指定 FLV 文件的高度。
- 检测大小：检测所插入的 FLV 文件大小，自动设置适合播放的宽度和高度。
- 自动播放：当网页打开时是否播放视频。
- 自动重新播放：指定播放控件在视频播放完之后是否返回起始位置。

步骤 2 在【插入 FLV】对话框中，单击"浏览"按钮，如图 6-58 所示，选择文件"指挥家.flv"，单击"确定"按钮。

步骤 3 【选择 FLV】对话框中其他参数设置如图 6-59 所示，单击"确定"按钮，即可完成 FLV 文件的插入。

步骤 4 插入 FLV 视频文件后，文档页面中显示如图 6-60 所示。

图 6-58　【选择 FLV】对话框

图 6-59　FLV 参数设置　　　　　　　　图 6-60　插入 FLV 动画后页面显示效果

提示：

如果必要，提示用户下载 Flash Player，在页面中插入代码，该代码将检测查看 Flash 视频所需的 Flash Player 版本，并在用户没有所需的版本时提示他们下载 Flash Player 的最新版本，设置各个选项。

步骤 5　单击"在浏览器中预览"按钮 ，预览效果如图 6-61 所示。

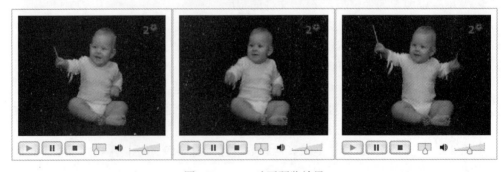

图 6-61　FLV 动画预览效果

6.3.5　插入 Shockwave 对象

Shockwave 是由 Adobe 公司开发的多媒体播放器系列，可以通过 Shockwave 播放和收看文件，并且效率高，效果好。Shockwave 影片是一种很好的压缩格式，被目前主流浏览器（如 IE、Netscape 等）所支持，可以被快速下载。

插入 Shockwave 影片的步骤如下。

步骤1　在【插入】面板中选择【媒体】选项，单击"Shockwave"按钮，在【选择文件】对话框中选择文件"jiuzhai.dcr"。如图 6-62 所示。

步骤2　插入 Shockwave 影片后，文档页面中显示如图 6-63 所示。

图 6-62　在【选择文件】对话框中选择 Shockwave 影片　　图 6-63　插入 Shockwave 影片后页面显示效果

步骤3　选中 Shockwave 对象，在【Shockwave】属性面板中，设置 Shockwave 属性，宽为 615，高为 466，如图 6-64 所示。

图 6-64　设置 Shockwave 影片属性

步骤4　单击"在浏览器中预览"按钮，预览效果如图 6-65 所示。

图 6-65　插入 Shockwave 影片后预览效果

6.3.6 插入 Java Applets 程序

Java 是一种编程语言，是一种动态、安全、跨平台的网络应用程序，用于开发可嵌入 Web 中的小型应用程序，如下雨、涟漪等效果。在创建了 Java Applets 后，可以使用 Dreamweaver 将其插入 HTML 文档中。

1. 插入 Java Applets 程序

步骤1 在 Dreamweaver CS6 文档窗口中单击【文档】工具栏上的"拆分"视图按钮 拆分，HTML 代码如图 6-66 所示。

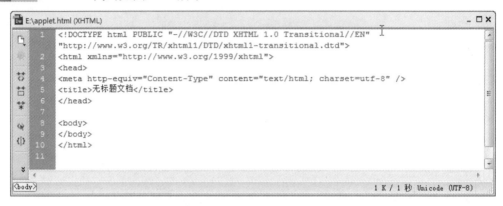

图 6-66 未插入 Applets 程序前的代码

步骤2 在文档窗口中要插入 Applets 处定位光标，执行【插入】|【媒体】|【Applets】菜单命令，或在【插入】面板中选择【媒体】选项，单击"Applets"按钮，在弹出的【选择文件】对话框中选择文件，如图 6-67 所示，单击"确定"按钮。

步骤3 插入 Java Applets 程序后，文档页面中的显示如图 6-68 所示，此时 HTML 代码如图 6-69 所示。

图 6-67 选择 Applets 文件　　图 6-68 插入 Java Applets 程序后页面显示图

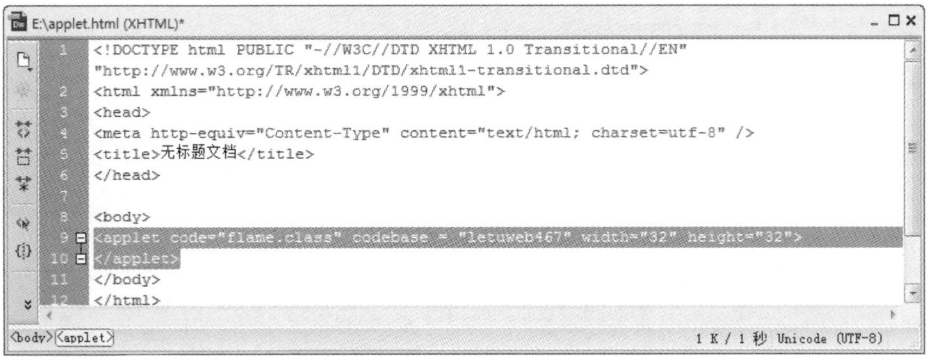

图 6-69　插入 Applets 程序后的代码

步骤 4　打开文本文件"javaapplet 燃烧文字代码.txt"，其中代码如图 6-70 所示。

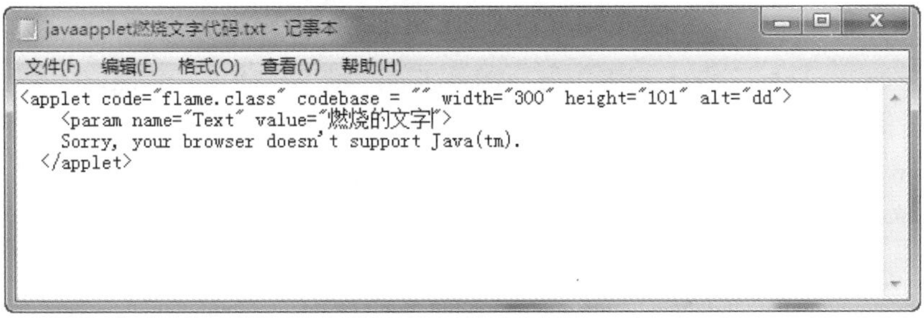

图 6-70　打开文本文件

步骤 5　复制"javaapplet 燃烧文字代码.txt"文本到 HTML 代码中，如图 6-71 所示。

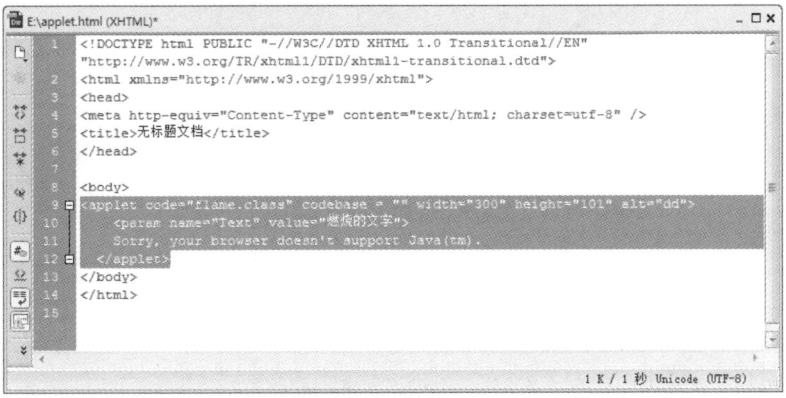

图 6-71　复制"javaapplet 燃烧文字代码.txt"

步骤 6　保存文件，单击"在浏览器中预览"按钮 ，预览效果如图 6-72 所示。

图 6-72　"javaapplet 燃烧文字"程序预览效果

2. 设置 Java Applets 属性

插入 Java Applets 之后，在【Applets】属性面板中对各选项进行设置，如图 6-73 所示。

图 6-73　设置 Java Applets 程序属性

6.3.7　插入 ActiveX 控件

ActiveX 控件（以前称作 OLE 控件）是可以充当浏览器插件的可重复使用的组件，有些像微型的应用程序。ActiveX 控件可在 Windows 系统上的 Internet Explorer 中运行，但它们不在 Macintosh 系统上或 Netscape Navigator 中运行。Dreamweaver 中的 ActiveX 对象可为访问者的浏览器中的 ActiveX 控件提供属性和参数。

Dreamweaver 使用 object 标记在页面上标记 ActiveX 控件将显示的位置，并且为 ActiveX 控件提供参数。

插入 ActiveX 控件内容操作如下。

步骤 1　在文档窗口中要插入 ActiveX 控件处定位光标，执行【插入】|【媒体】|【ActiveX】菜单命令，或在【插入】面板中选择【媒体】选项，单击"ActiveX"按钮。

步骤 2　插入 ActiveX 控件后，文档页面中显示如图 6-74 所示。

步骤 3　插入 ActiveX 之后，在【ActiveX】属性面板中对各选项进行设置，选择插件文件"网络广告.swf"，如图 6-75 所示，属性设置如图 6-76 所示。

图 6-74　插入 ActiveX 控件后页面显示图　　　　图 6-75　选择 ActiveX 插件文件

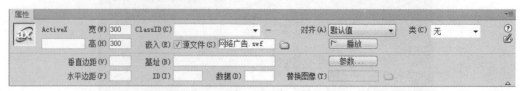

图 6-76　设置 ActiveX 控件的属性

步骤 4 保存文件，单击"在浏览器中预览"按钮，预览效果如图 6-77 所示。

图 6-77 插入 ActiveX 预览效果

6.3.8 **插入插件**

插件是 Netscape Communicator 浏览器专用功能扩展模块，它增强了浏览器的对外接口能力，实现对多种媒体对象的播放支持。插入插件的步骤如下。

步骤 1 执行【插入】|【媒体】|【插件】菜单命令，或在【插入】面板中选择【媒体】选项，单击"插件"按钮，打开【选择文件】对话框，如图 6-78 所示。

图 6-78 【选择文件】对话框

步骤 2 在【选择文件】对话框中选择文件"刘若英-后来.wmv"，单击"确定"按钮。

步骤 3 按下"F12"键，或单击【属性】面板中的"播放"按钮，即可播放视频，如图 6-79 所示。

图 6-79 播放视频的预览效果

提示：

在 Dreamweaver 中，除了 FLV 视频外，其他视频音频文件都是通过插件插入文档的。

6.4 总结提升

Dreamweaver CS6 具有强大的多媒体支持功能，可以在网页中轻松插入各类动画、视频、控件和小程序等，并能利用属性面板或快捷菜单控制多媒体在网页中的显示。

本项目以"乐途网"为例，介绍了多媒体元素的应用方法，包括如何在页面文档中插入 Flash 动画、FLV 动画、FlashPaper 文本、背景音乐、Java Applets 程序等内容，并对其属性的设置方法。通过本项目的学习，读者应熟练掌握多媒体元素的使用方法。

6.5 拓展训练

一、选择题

1．在文档中插入 Flash 动画后显示的标志是（   ），插入 FLV 动画后显示的标志是（   ）。

A.   B.   C.   D.

2．Flash 源文件的扩展名是（   ），用于网络上传输的格式是（   ）。

A．.fla   B．.gif   C．.swf   D．.jpg

3．可以一边下载一边收听的音频文件称为流媒体，下列选项中属于流媒体音频文件格式的是（   ）。

A．CD 格式   B．MP3 格式   C．WAV 格式   D．MAR 格式

二、填空题

1．多媒体元素目前主要包括_____。

2．对于插入到页面中的 Flash、ActiveX 等对象，通过_____可以设置相关参数。

3．插入背景音乐可以执行_____菜单命令，或单击_____面板中的_____命令项。

三、简述题

1．什么是多媒体技术？

2．流行的音频和视频文件格式主要有哪些？

3．如何设置 Flash 动画透明背景？

四、实践题

运用本项目所学知识，制作"乐淘网"之"特品专区"下的 5 个子页。

操作提示：

1．在"letaoweb"站点下的文件夹"ch6"中，创建文档并命名为"ad.html"；使用表格布局页面，并插入文本、图像及动画"ad.flv"，如图 6-80 所示。

2．在"letaoweb"站点下的文件夹"ch6"中，创建文档并命名为"laneige.html"；使用表格布局页面，并插入文本、图像及动画"laneige.avi"，如图 6-81 所示。

图 6-80　插入 FLV 动画　　　　　　　　图 6-81　插入 AVI 动画

3．在"letaoweb"站点下的文件夹"ch6"中，创建文档并命名为"skinfood.html"；使用表格布局页面，并插入文本、图像及动画"skinfood.swf"，如图 6-82 所示。

4．在"letaoweb"站点下的文件夹"ch6"中，创建文档并命名为"misshs.html"；使用表格布局页面，并插入文本、图像及动画"baby.mp3"，如图 6-83 所示。

图 6-82　插入 SWF 动画　　　　　　　　图 6-83　插入 MP3

5．在"letaoweb"站点下的文件夹"ch6"中，创建文档并命名为"more.html"；使用表格布局页面，并插入文本、图像及动画"flashpaper.swf"，如图 6-84 所示。

图 6-84　插入 FlashPaper

项　目 7

实现网页间的跳转——超级链接

知识要点

★ 了解超级链接的概念
★ 掌握内部、外部超级链接的类型及创建方法
★ 掌握邮件超级链接的方法
★ 掌握下载文件超级链接的方法
★ 掌握使用导航工具条的方法
★ 掌握创建网站相册的方法

7.1　网页展示：在"目的地"页面中应用超级链接

网页的最大特点体现在它可以通过超级链接功能在众多的网页中互相跳转，在"乐途网"的"目的地"页面中分别应用了网页之间超级链接，插入文本超级链接、锚记超级链接、外部超级链接、图像超级链接、导航工具条超级链接、邮件超级链接和下载文件超级链接，"目的地"页面效果如图 7-1 所示。

图 7-1　"目的地"页面效果

7.2 网页制作

7.2.1 设置导航条超级链接

步骤 1 启动 Dreamweaver CS6 后，在 letuweb 站点中创建新文档，命名为"destination.html"。

步骤 2 在 destination 文档中绘制表格布局页面，输入相应的文字、选择图像等素材，插入页面顶部 LOGO 及其他元素，如图 7-2 所示。

图 7-2 用表格布局页面并插入元素

步骤 3 在表格的第 3 行定位光标，执行【插入】|【图像对象】|【鼠标经过图像】菜单命令，弹出【插入鼠标经过图像】对话框，如图 7-3 所示。

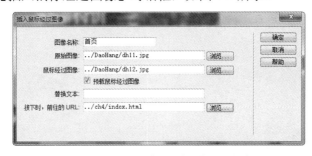

图 7-3 【插入鼠标经过图像】对话框

步骤 4 在【插入鼠标经过图像】对话框中图像名称的文本框中输入"首页"；分别单击"原始图像"及"鼠标经过图像"右侧的"浏览"按钮，选择所需要的图像，如图 7-4 所示为选择原始图像。

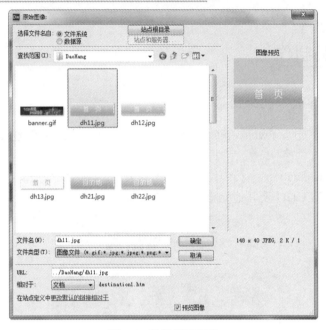

图 7-4　选择原始图像

步骤 5　在【插入鼠标经过图像】对话框中单击"按下时，前往的 URL" 右侧的"浏览"按钮，选择超级链接的目标文件。

步骤 6　重复以上操作，执行【插入】|【图像对象】|【鼠标经过图像】菜单命令，在图像名称的文本框中输入"目的地"，分别单击"原始图像"及"鼠标经过图像"右侧的"浏览"按钮，选择所需要的图像，如图 7-5 所示为选择原始图像；在【插入鼠标经过图像】分别单击对话框中的参数设置如图 7-6 所示。

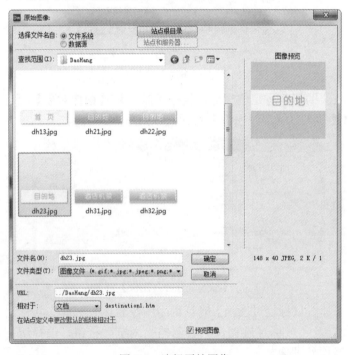

图 7-5　选择原始图像

图 7-6　【插入鼠标经过图像】对话框参数设置

提示：

本项目是当前页，所以不需要设置超级链接，并且"原始图像"与其他项目也不相同。

步骤 7　重复同样的操作，插入鼠标经过图像，在图像名称的文本输入框中输入"酒店机票"，用与设置"首页"相同的方法选择所需要的图像，【插入鼠标经过图像】对话框中的参数设置如图 7-7 所示。

图 7-7　【插入鼠标经过图像】对话框参数设置

步骤 8　用同样的方法添加导航条中的其他图像，添加完 6 个项目后，即完成导航条的插入，将"destination.html"保存在"letuweb\ch7"文件夹中。

步骤 9　单击"预览"按钮，在浏览页面的导航条上移动光标，导航条会产生相应的变化，如图 7-8 所示，单击可以跳转到相应的页面上。

图 7-8　鼠标指向导航图像

提示：

在 Dreamweaver CS5 之前的旧版本中，有插入导航条菜单命令，在 Dreamweaver CS6 中，我们可以通过插入鼠标经过图像完成导航条的制作。

7.2.2　创建文本与图片超级链接

步骤 1　创建文本超级链接。在【属性】面板上单击"页面属性"按钮 页面属性... ，设置文本链接的属性，参数设置如图7-9所示。

图7-9 设置文本超级链接的属性

步骤2 在"目的地"页面中选择文本"预订酒店"，如图7-10所示；在【属性】面板上单击"链接（L）"右侧的"浏览文件"按钮 。

图7-10 选择文本

步骤3 在弹出的【选择文件】对话框中，选择文件"QA.html"，如图7-11所示，单击"确定"按钮。

图7-11 在【选择文件】对话框中选择目标页面

步骤4 单击"预览"按钮 ，当鼠标指向文本"预订酒店"时，如图7-12所示，单击即可跳转到"酒店预订"页面上，如图7-13所示。

图 7-12 预览时鼠标指向超级链接文本   图 7-13 目标页面显示效果

步骤 5 创建图片超级链接。在"目的地"页面上单击"黄山"图像，如图 7-14 所示。

图 7-14 选择图像

步骤 6 在【属性】面板上单击"链接（L）"右侧的"浏览文件"按钮，或直接输入超级链接的目标文件名，如图 7-15 所示。

图 7-15 【属性】面板中的参数设置

步骤 7 单击"预览"按钮，当鼠标指向文本"黄山"图片时，单击即可跳转到"黄山"页面上。

步骤 8 按照相同的操作，可以完成图片"苏州园林"、"桂林"的超级链接。

7.2.3 创建图像映像超级链接

步骤 1 在"目的地"页面上单击"地图"图片，在【属性】面板单击"矩形热点工具"按钮，在地图上的"北京"处绘制"矩形"，如图 7-16 所示。

步骤 2 在【属性】面板上单击"链接（L）"右侧的"浏览文件"按钮，或直接输入超级链接的目标文件名，如图 7-17 所示。

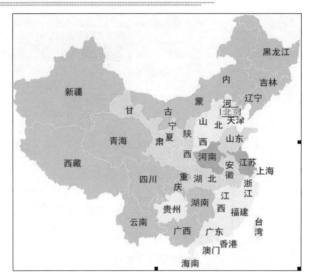

图 7-16　绘制矩形热区

图 7-17　【属性】面板参数设置

　　步骤 3　单击"预览"按钮，当鼠标指向地图上的"北京"时，单击即可跳转到"北京"页面上。

　　步骤 4　在"目的地"页面上单击"地图"图片，在【属性】面板单击"多边形热点工具"按钮，在地图上的"广西"处绘制"多边形"，如图 7-18 所示。

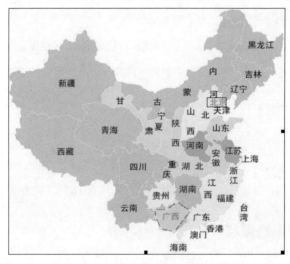

图 7-18　绘制"多边形"热区

　　步骤 5　在【属性】面板上"链接（L）"文本框中直接输入超级链接的目标文件名，如图 7-19 所示。

图 7-19 【属性】面板参数设置

步骤 6 单击"预览"按钮 ，当鼠标指向地图上的"广西"时，即可跳转到"广西"页面上。

提示：

使用图像映像超级链接的方法，可将图 7-20 所示的首页中的图片"top.jpg"，分别链接至登录、注册、积分奖励、帮助中心等网页。

7.2.4 插入锚记超级链接

步骤 1 在"目的地"页面上，将光标定位在第 1 行左边（目标端点），如图 7-20 所示。

图 7-20 在页面左上角定位光标

步骤 2 执行【插入】|【命名锚记】菜单命令，弹出【命名锚记】对话框，输入锚记名称，如图 7-21 所示。

图 7-21 【命名锚记】对话框

步骤 3 单击"确定"按钮，在光标定位处会出现一个"锚记"，如图 7-22 所示。

图 7-22 在页面左上角添加"锚记"标记

步骤 4 在"目的地"页面上选择源端点文本"返回到顶部"，如图 7-23 所示。

图 7-23 选择源端点文本

步骤 5 在【属性】面板上"链接（L）"文本框中输入锚记名称"#page_top"，如图 7-24 所示。

图 7-24 【属性】面板中的参数设置

步骤 6 单击"预览"按钮🌐，当鼠标指向页面底部"返回到顶部"文本时，浏览页面将返回到顶部"锚记"处。

7.2.5 创建电子邮件、下载文件、外部超级链接、脚本超级链接

步骤 1 创建电子邮件超级链接。在"目的地"页面上选择"推荐本页给朋友"文本，如图 7-25 所示。

步骤 2 执行【插入】|【电子邮件链接】菜单命令，弹出【电子邮件链接】对话框，在"E-mail"文本框中输入地址，如图 7-26 所示，单击"确定"按钮。

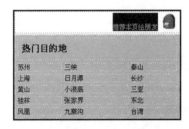

图 7-25 选择文本

图 7-26 输入 E-mail

步骤 3 单击"预览"按钮🌐，当鼠标指向地图上的"推荐本页给朋友"文本时单击，弹出【新邮件】对话框，即可实现邮件超级链接。

步骤 4 创建下载文件超级链接。在"目的地"页面上，选择"照片下载"文本，如图 7-27 所示。

步骤 5 在【属性】面板上单击"链接（L）"右侧的"浏览文件"按钮📁，在弹出的【选择文件】对话框中，选择文件"风景图片.rar"，如图 7-28 所示，单击"确定"按钮。

图 7-27 选择文本

图 7-28 【选择文件】对话框

步骤 6 单击"预览"按钮，当鼠标指向"照片下载"文本时单击；弹出【文件下载】对话框，如图 7-29 所示，单击"保存"或者"另存为"按钮，可以下载文件。

图 7-29 【文件下载】对话框

步骤 7 创建外部超级链接。在"目的地"页面上，选择"火车时刻表"文本，如图 7-30 所示。

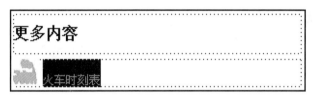

图 7-30 选择文本

步骤 8 在【属性】面板上"链接（L）"文本框中直接输入外部超级链接的网址，如"http://www.hao123.com/ss/lccx.htm"，如图 7-31 所示。

图 7-31 【属性】面板设置外部超级链接

步骤 9 单击"预览"按钮，在网页中单击"火车时刻表"文本，即可跳转到外部链接网页。

步骤 10 在"目的地"页面上，选择"关闭窗口"文本，在【属性】面板上"链接（L）"文本框中直接输入"javascript:window.close()"，可实现脚本链接，如图 7-32 所示。

图 7-32 【属性】面板设置脚本链接

步骤 11 单击"预览"按钮，在网页中单击"关闭窗口"文本，出现如图 7-33 所示关闭网页的提示框。单击"是"按钮即可关闭当前网页。

图 7-33　关闭窗口提示框

7.3　知识链接

网上冲浪时，在 Web 页面中从一个页面跳转到另一个页面，即超级链接。通过设定超级链接把网上的资源链接起来，浏览者无须知道资源在哪里，也不会因为资源在"千里之外"就无法访问。这就是 Web 与其他媒体的最大区别和优势所在，不受地域、距离和时间的限制。

7.3.1　超级链接

▶ 1．超级链接的概念

互联网上有百万数量级的站点，要将众多分散的网页联系起来，构成一个整体，就必须在网页上加入链接，超级链接实现了网页与网页之间的跳转，是网页中至关重要的元素，在 Web 页面中，超级链接随处可见。

所谓超级链接就是浏览者可以通过单击设置超级链接的文字、图像等网页元素来访问与其链接的页面、图像等网页元素或网站。Dreamweaver 提供了多种创建链接的方法，可创建到文档、图像、多媒体文件或可下载软件的链接，可以建立到文档内任意位置的任何文本或图像的链接，包括标题、列表、表、绝对定位的元素或框架中的文本或图像。

超级链接由源端点和目标端点两部分组成，有超级链接的一端为源端点（鼠标指针指向其上时光标形状为：🖑），跳转到的页面为目标端点。

▶ 2．超级链接的类型

（1）内部链接。内部链接可以跳转到本网站内其他文档或文件，如图形、电影、PDF或者声音或者文件。

（2）外部链接。外部链接可以链接到不属于本网站的资源，丰富网站的内容。

（3）锚记链接。锚记链接可以跳转到本站点指定文档的位置。

（4）电子邮件链接。电子邮件链接可以启动电子邮件程序，允许用户书写电子邮件，并发送到指定地址。

▶ 3．路径

从一个网页到另一个网页的链接是通过每个网页的地址来完成的。每个 Web 页面的唯一的地址，即统一资源定位器 URL。链接路径有三种类型：绝对路径、相对路径、站点根目录相对路径。

（1）绝对路径。绝对路径提供所链接文档的完整 URL，而且包括所使用的协议（如对于 Web 页面，通常使用 http 协议）。

例如 http://www.adobe.com/support/dreamweaver/contents.html。

必须使用超级链接，才能链接到其他服务器上的文档。对于本地链接（即同一站点内文档的链接）也可以使用绝对路径链接，但是采用绝对路径不利于站点的移植。通过对本地链接使用相对路径，还能够需要在站点内移动文件时提高灵活性。

（2）相对路径。对于大多数 Web 站点的本地链接来说，文档相对路径通常是最适合的路径。在当前文档与所链接的文档位于同一文件夹中，而且可能保持这种状态的情况下，文档相对路径特别有用。文档的相对路径还可用于链接到其他文件夹中的文档，方法是利用文件夹层析结构，指定从当前文档到所链接文档的路径。例如 dreamweaver/contents.html。

文档的相对路径省略掉对于当前文档和所链接的文档都相同的绝对路径部分，而只提供不同的路径部分。例如，某站点的结构如图 7-34 所示。

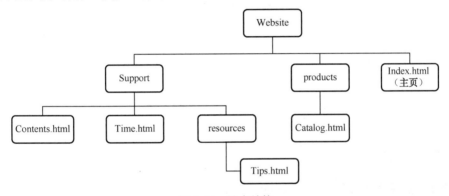

图 7-34　站点结构

（3）站点根目录相对路径。站点根目录相对路径描述从站点的根文件夹到文档的路径。如果在处理使用多个服务器的大型 Web 站点，或者使用承载多个站点的服务器，则可能需要使用这些路径。

站点根目录相对路径以一个正斜杠开始，该正斜杠表示站点根文件夹。例如 /support/dreamweaver/contents.html。

如果需要经常在 Web 站点的不同文件夹之间移动 HTML 文件，那么站点根目录相对路径通常是指定链接的最佳方法。移动包含站点根目录相对链接的文档时，不需要更改这些链接。

以图 7-34 为例来说明绝对路径和相对路径的使用方法。

● 若要从 Contents.html 链接到 Time.html（两个文件夹位于同一文件夹中），可使用相对路径 Time.html。

● 若要从 Contents.html 链接到 Tips.html（在 resources 子文件夹中），可以使用相对路径 resources/Tips.html。每出现一个正斜杠，表示在文件夹结构中向下移动一个级别。

● 若要从 Contents.html 链接到 Catalog.html（位于父文件夹的不同子文件夹中），可以使用相对路径 ../products/Catalog.html。其中，表示向上移至父文件夹，而 products/表示向下移至 products 子文件夹中。

若成组地移动文件，例如移动整个文件夹时，该文件夹内所有文件保持彼此间的相对路径不变，此时不需要更新这些文件间的文档相对链接。但是，在移动包含文档相对链接的单个文件，或移动由文档相对链接确定目标的单个文件时，则必须更新这些链接。

▶4. 设置文本超级链接的属性

执行【修改】|【页页属性】菜单命令，或在【文件名】属性面板上单击"页面属性"按钮 页面属性... ，在弹出的【页页属性】对话框中设置文本超级链接的属性，如图 7-35 所示。

图 7-35　设置文本超级链接属性

7.3.2　内部超级链接

▶1. 创建文本或图像超级链接

创建文本或图像超级链接后，单击该文本或图像便可以打开链接所指向的目标网页。创建文本与图像超级链接的方法相同，下面仅以文本超级链接为例，讲述文本或图像超级链接的几种方法。

方法一：

步骤1　在文档中选中超级链接源端点的文本"欢迎您的光临"，如图 7-36 所示。

图 7-36　教务处网站首页

步骤 2 执行【插入】|【超级链接】菜单命令，或在【插入】面板中选择【常用】选项，单击"超级链接"按钮🖉，打开【超级链接】对话框，如图 7-37 所示。

图 7-37 【超级链接】对话框

"超级链接"对话框各项功能如下。

- 文本：超级链接源端点的文本，此项保持默认设置。
- 链接：超级链接目标端点的路径及文件名。
- 目标：打开目标端点网页的方式，分别如下。

  _blank：在新的浏览器窗口中打开所链接的文件。

  _parent：在上一级浏览器窗口中打开所链接的文件。

  _self：在当前浏览器窗口中打开所链接的文件（默认值）。

  _top：在最顶端的浏览器窗口中打开所链接的文件。

- 标题：鼠标指针指向源端点时，将显示标题文本框中输入的内容。
- 访问：访问该链接的快捷键字符。
- Tab 键索引：该链接的 Tab 键索引号。

步骤 3 单击"链接"项右边的"浏览"按钮📁，在打开的【选择文件】对话框中选择超级链接目标端点的文件 kcb.html，如图 7-38 所示，单击"确定"按钮。

图 7-38 【选择文件】对话框

步骤 4 返回【超级链接】对话框，设置其他参数，如图 7-39 所示，单击"确定"按钮。

图 7-39　【超级链接】对话框中参数设置

步骤 5　保存文件，单击"预览"按钮，在打开的网页中单击"欢迎您的光临"文字后，页面就会跳转到教务处网站。

方法二：

在文档中选中超级链接源端点的文本，在【属性】面板中的单击"链接（L）"文本框右侧的"浏览文件"按钮，也可以打开【选择文件】对话框，选择超级链接目标端点的文件后，单击"确定"按钮，即可完成文本超级链接。

方法三：

在文档中选中超级链接源端点的文本，鼠标指向【属性】面板上的"指向文件"按钮，按下左键并拖曳鼠标将出现指向线，指向【文件】面板中超级链接目标端点的文件即可完成文本超级链接，如图 7-40 所示。

图 7-40　使用"指向文件"按钮设置超级链接

方法四：

选择超级链接源端点的文本，按下"Shift"键，拖曳鼠标将出现指向线，指向【文件】面板中超级链接目标端点的文件即可完成文本超级链接，如图 7-41 所示。

图 7-41　设置从"目标文件"指向"源端点"的超级链接

提示：

当需要设置超级链接参数时，可以用第 1 种方法创建超级链接；不需要设置超级链接参数时，使用其他方法创建超级链接更方便快捷。

2. 创建图像映像

图像映像是指将一个图像分为多个部分，称为热区或热点，当用户单击某个热区时，会发生某种操作，比如打开链接网页等。图像映像可以将图像分成多个区域，链接到不同网页，也称为图像热点链接。

（1）定义图像热区。选中图像对象，在【图像】属性面板中选择热点工具：矩形、圆形或多边形工具，如图 7-42 所示，在需要创建超级链接的区域上拖曳鼠标创建热区形状。

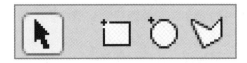

图 7-42　热点工具

"热点工具"的功能如下。

- ▢ 矩形工具：拖曳鼠标可以绘制矩形热区。
- ◯ 圆形工具：拖曳鼠标可以绘制圆形热区。
- ▽ 多边形工具：在起点处单击鼠标，依次在下一个节点处单击，可以创建不规则的多边形热区。
- ▶ 指针热点工具：单击选中热区，可以编辑或移动热区。

（2）创建图像映像，步骤如下。

步骤 1　选中图像，在【图像】属性面板中单击矩形工具 ◯，在图像上绘制"圆形"热区，如图 7-43 所示。

图 7-43　绘制"圆形"热区

步骤 2　在【图像】属性面板中单击指针热点工具 ▶，编辑热区，如图 7-44 所示。

图 7-44　编辑"圆形"热区

步骤3 选中热区，并命名热区，在【热区】属性面板中单击"链接（L）"项右侧的"浏览文件"按钮，选择超级链接的目标文件，如图 7-45 所示。

图 7-45 设置热区的超级链接

步骤4 保存文件，在浏览网页时，单击某个运动图标即可跳转到不同的运动说明网页。

3. 创建锚记链接

锚记链接可以将文档中的文字或图像链接到文档中指定的位置，文档可以是同一文档，也可以是不同文档。

命名锚记链接一般用在篇幅较大且需要翻屏浏览时的网页上。应用"命名锚记"链接，有助于访问者快速跳转到指定的位置，为阅读文档提供了很大的方便，方法如下。

步骤1 导入 Word 文档"唐诗十大家.doc"，在文档顶部"唐诗十大家"文本左侧定位光标，如图 7-46 所示。

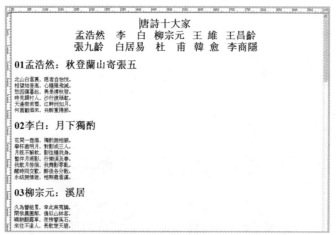

图 7-46 定位"锚记"

步骤2 执行【插入】|【命名锚记】菜单命令，在弹出的【命名锚记】对话框中输入锚记名称，如图 7-47 所示。

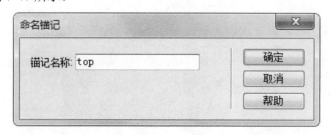

图 7-47 【命名锚记】对话框

步骤3 单击"确定"按钮，在光标位置会出现锚记标记；用同样的方法将每个诗人名前插入锚记，效果如图 7-48 所示。

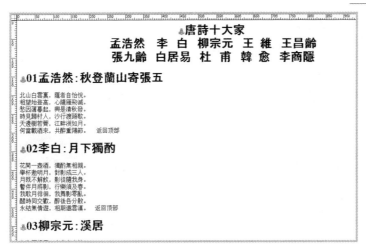

图7-48 "锚记"设置效果

步骤4 在每首诗后输入文本"返回顶部",并选中;在【属性】面板上"链接(L)"文本框中输入顶部锚记名"#top",如图7-49所示;文本超级链接效果如图7-50所示。

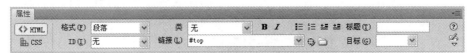

图7-49 设置"锚记"超级链接

图7-50 "锚记"超级链接效果

步骤5 在文档顶部分别选中每个诗人姓名,在【属性】面板上"链接(L)"文本框中输入诗人的编号为锚记名,如"#01"等,设置文本超级链接。

步骤6 保存文档,单击"预览"按钮，浏览页面时单击顶部诗人姓名,即可跳转到该诗人的作品处;单击"返回顶部"文本,即可返回文档顶部。

提示:

在同一文档中每个锚记名称是唯一的;命名锚记时大小写字母均可,但字母相同,大小写不同时为不同的名称。

4. 创建空链接

在制作网页时，如果链接的目标文件还没有创建，可以先创建空链接，当目标文件编辑好后，再指定链接的目标文件。

方法：选中要创建超级链接的文本或图像对象，在【属性】面板中的"链接（L）"文本框中输入"#"号，如图 7-51 所示，即可完成空链接的创建。

图 7-51　创建空链接

创建空链接完成后，预览网页时，鼠标移动至空链接对象时，指针变为🖑，单击链接为空。

7.3.3　邮件超级链接

电子邮件链接是一种特殊的链接，单击电子邮件链接，可以打开一个通信窗口，在该邮件通信窗口中，可以创建电子邮件，并发送到指定的地址。

方法一：选中需要创建电子邮件超级链接的对象，在【属性】面板中的"链接"文本框中输入 mailto:E-mail 地址，如图 7-52 所示。

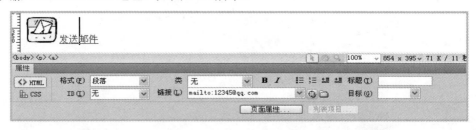

图 7-52　电子邮件超级链接

方法二：执行【插入】|【电子邮件链接】菜单命令，在弹出的【电子邮件链接】对话框中的"文本"文本框中输入创建电子邮件超级链接的对象，在"E-mail"文本框中输入 E-mail 的地址，如图 7-53 所示。

按"F12"键可查看页面，在电子邮件消息窗口中，收件人会自动更新为显示电子邮件链接中指定的地址，显示的页面如图 7-54 所示。

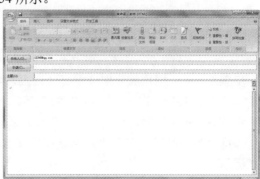

图 7-53　【电子邮件链接】对话框　　　　　图 7-54　【新邮件】对话框

7.3.4 下载文件超级链接

下载文件超级链接和创建文本超级链接是相同的。但是下载文件超级链接，在下载时可以下载文本文件、图片等文件，使得用户使用起来非常方便。

步骤1 选中要创建超级链接的对象，在【属性】面板中单击"链接"文本框右侧的"文件夹"按钮📂，如图 7-55 所示，选择要链接的文件；或在"链接（L）"文本框中直接输入目标文件的路径和文件名。

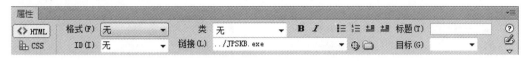

图 7-55 设置"下载文件"超级链接

步骤2 单击"预览"按钮🌐，单击链接文本"下载"时，将出现如图 7-56 所示的【另存为】对话框，打开或保存需要下载的文件即可。

图 7-56 【另存为】对话框

7.3.5 外部超级链接

创建外部超级链接，可以与那些并不是本站的网页进行链接。这样构建的网站内容会更加丰富，突显超级链接的优越性。

方法：选中要创建链接的文本，在【属性】面板上"链接（L）"文本框中输入 URL 地址，例如："http://www.baidu.com"，如图 7-57 所示；预览时单击该文本，即可跳转到"百度"页面。

图 7-57 插入外部超级链接

7.3.6 脚本链接

脚本链接是指调用脚本代码进行的特殊链接。譬如网页上经常使用的"关闭窗口"就是调用 JavaScript 脚本实现的。

方法：选中文档中的"关闭窗口"，在【属性】面板上"链接（L）"文本框中输入：javascript:window.close()，如图 7-58 所示；预览时单击该文本，就会出现是否关闭窗口的提示框。

图 7-58　插入脚本超级链接

7.3.7 制作链接元素

导航栏在网页中是一组超级链接，其链接的目标端是网站中的主要页面。在网站中设置导航栏可以使访问者快捷方便地浏览站点中的其他网页。

插入鼠标经过图像完成导航条制作，步骤如下。

步骤 1　执行【插入】|【图像对象】|【鼠标经过图像】菜单命令，弹出【插入鼠标经过图像】对话框，如图 7-59 所示。

图 7-59　【插入鼠标经过图像】对话框

【插入鼠标经过图像】对话框中各项功能如下。

- 图像名称：输入鼠标经过图像的名称，默认 Image1、Image2 等。
- 原始图像：选择初始状态图像。
- 鼠标经过图像：选择鼠标经过时显示的图像。
- 预载鼠标经过图像：勾选此选项，载入页面时就会下载全部的图像。
- 替换文本：输入关于鼠标经过图像时显示的文本。
- 按下时，前往的 URL：输入鼠标经过图像链接的 URL 地址。

步骤 2　单击"原始图像"右侧的"浏览"按钮 ，在打开的【原始图像】对话框中，选择需要的文件。

步骤 3　保存文件，并预览网页。

↘7.4 总结提升

超级链接是 Web 最重要的特征之一，也是互联网与其他传统媒体的本质区别。本项目以"乐途网"为例，介绍了超级链接的应用方法，包括插入文本超级链接、锚记超级链接、图像超级链接、导航工具条超级链接、电子邮件超级链接、下载文件超级链接等内容，并对各种超级链接属性的设置方法做了详尽的介绍。

↘7.5 拓展训练

一、选择题

1. 下列（　　）是创建空链接所使用的符号。

A．&　　　　　　　B．$　　　　　　　C．@　　　　　　　D．#

2. 在框架网页中添加超级链接时，"目标"选项选择以下那一项时，可以在当前框架窗口打开超级链接页面（　　）。

A．_blank　　　　　B．_parent　　　　C．_self　　　　　　D．_top

3. 在 Dreamweaver 使用鼠标经过图像时，下列哪个选项是必须设置的（　　）。

A．原始图像　　　　　　　　　　　B．鼠标经过图像

C．按下时，前往的 URL　　　　　　D．替换文本

二、填空题

1. ＿＿＿＿＿＿链接可以连接到不属于本网站的资源，以丰富本地网站的内容。

2. 在网页内容比较长时，可以利用＿＿＿＿＿＿链接跳转到本站内指定文档的位置。

3. ＿＿＿＿＿＿链接是一种特殊的链接，可以打开一个通信窗口，创建电子邮件，并发送到制定的地址。

三、简述题

1. 在 html 中超级链接路径分几类？

2. 简述 html 中超级链接的类型。

3. 简述内部超级链接的四种方法。

四、实践题

1. 综合使用超级链接的方法，修改"首页"的导航条，使其与其他页面链接起来，实现相互跳转功能。

2. 在"北京"、"桂林"、"苏州园林"等子页上创建"文本"超级链接，使他们可以返回"目的地"页面。

3. 制作"乐淘网"之"特品专区"页面，效果如图 7-60 所示。

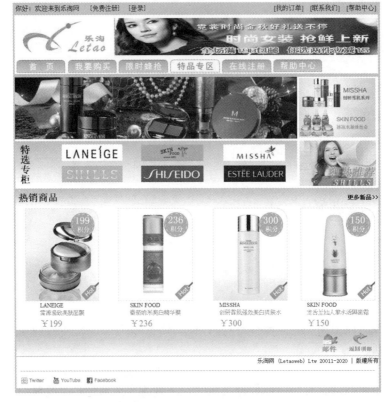

图 7-60 "特品专区"页面效果

操作提示：

① 插入导航条，由导航条实现"首页"及各栏目间的超级链接。

② 创建"文本"超级链接，分别由文本：LANEIGE、SKIN FOOD、MISSHA、SKIN FOOD 跳转到子页面。

③ 创建"文本"超级链接，分别由子页面的"特品专区"文本处返回到"特品专区"页面。

④ 创建"图像"超级链接，分别由图像 等跳转到子页面。

⑤ 从"特选专柜"创建"图像映像"超级链接，分别跳专到：ch6/laneige.html、ch6/skinfood.html、ch6/missha.html 子页面。

⑥ 创建"邮件"超级链接。

⑦ 创建"返回顶部"的锚记链接。

项 目 *8*

统一美化网页——CSS 样式表的应用

知识要点

★ 了解 CSS 基本概念
★ 掌握 CSS 样式的创建和使用方法
★ 掌握 CSS 样式属性设置方法

8.1 网页展示：在"商旅管理"页面中应用 CSS 样式

运行 Dreamweaver CS6，在"乐途网"站点文件夹中创建"商旅管理"页面 ctmindex.html，运用表格布局方法制作好页面内容，再创建 CSS 样式，对网页内容进行美化，效果如图 8-1 所示。

图 8-1 "商旅管理"页面效果

8.2 网页制作

8.2.1 使用表格布局制作"商旅管理"页面

步骤1 运行 Dreamweaver CS6，新建 HTML 文档，将文档命名为 ctmindex.html，保存在"乐途网"站点根目录下。

步骤2 按照制作"乐途网"主页的方式，在 ctmindex.html 中插入表格，对"商旅管理"页面进行布局，如图 8-2 所示。

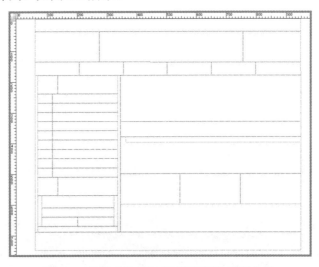

图 8-2 使用表格实现"商旅管理"页面布局

步骤3 在表格中对应位置插入相应图片或文本，并设置表格或单元格的背景颜色，完成"商旅管理"页面的制作，效果如图 8-3 所示。

图 8-3 未使用 CSS 的"商旅管理"页面效果

8.2.2 创建文本 CSS 样式

下面定义 CSS 样式，将"商旅管理"页面中的"商旅管理介绍"文字的字体设置为黑色，大小为 12 像素。操作步骤如下。

步骤 1 打开"商旅管理"栏目网页（ctmindex.html），按"Shift+F11"组合键，打开【CSS 样式】面板，单击"新建 CSS 规则"按钮 🔁 ，打开如图 8-4 所示的【新建 CSS 规则】对话框。

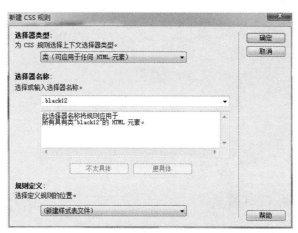

图 8-4 【新建 CSS 规则】对话框

步骤 2 在"选择器类型"选项组中选择"类（可以应用于任何 HTML 元素）"。在"选择器名称"下拉列表框中输入类样式的名称，这里输入".black12"。在"规则定义"选项组中选择"新建样式表文件"，若选择"仅限该文档"，则该样式只能应用在当前网页中。

步骤 3 单击"确定"按钮。因为在"规则定义"选项组中选择了"新建样式表文件"，因此会弹出如图 8-5 所示的【将样式表文件另存为】对话框。将 CSS 规则定义在"mycss.css"文件中，保存在站点目录下。

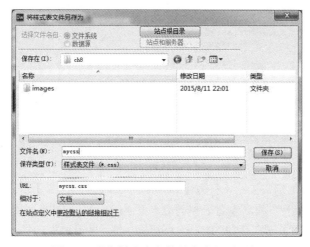

图 8-5 【将样式表文件另存为】对话框

步骤 4 单击"保存"按钮，弹出【.black12 的 CSS 规则定义】对话窗口，设置".black12"

类样式的属性。在左侧的"分类"列表中选择"类型"项，设置字体大小为 12px，行高为 20px，颜色为黑色，修饰设置为无，如图 8-6 所示。单击"确定"按钮，完成"black12"的 CSS 规则的定义。

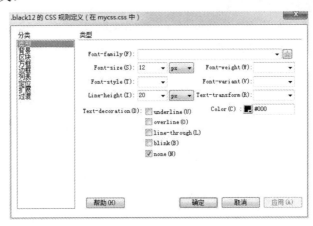

图 8-6　【.black12 的 CSS 规则定义】对话框

8.2.3　创建表格 CSS 样式

下面定义"商旅管理"页面中边框的 CSS 样式，步骤如下。

步骤 1　在【CSS 样式】面板中，单击"新建 CSS 规则"按钮，打开【新建 CSS 规则】对话框。定义名称为".table1"的类样式，将样式规则定义在已经保存的"mycss.css"样式表文件中，如图 8-7 所示。

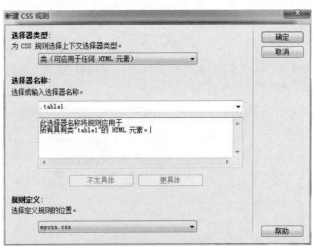

图 8-7　【新建 CSS 规则】对话框

步骤 2　单击"确定"按钮，打开【.table1 的 CSS 规则定义】对话框。在左侧的"分类"列表中选择"背景"项，设置表格背景颜色为#9C0，如图 8-8 所示。

步骤 3　在左侧"分类"列表中选择"边框"项，设置边框的样式、宽度和颜色，如图 8-9 所示。单击"确定"按钮，完成".table1"样式规则的定义。

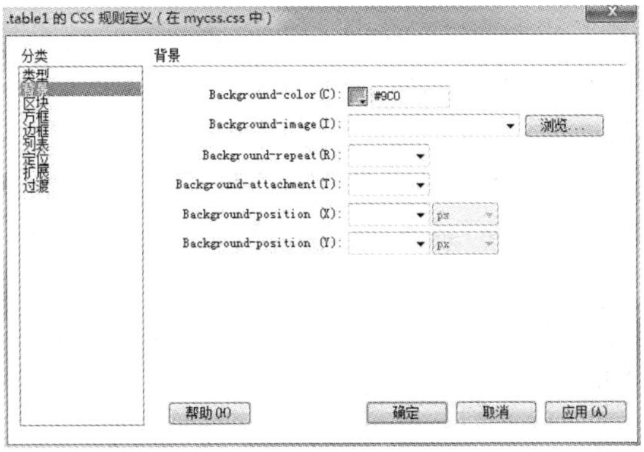

图 8-8　设置".table1"的背景颜色

图 8-9　设置".table1"的边框样式

8.2.4　创建超级链接 CSS 样式

下面定义"商旅管理"页面中超级链接的 CSS 样式，步骤如下。

步骤 1　在【CSS 样式】面板中，单击"新建 CSS 规则"按钮，打开【新建 CSS 规则】对话框。在"选择器类型"下拉列表框中选择"复合内容（基于选择的内容）"，这时可以设置网页中各种超级链接的风格，如图 8-10 所示。其中，"a:link"表示超级链接的文本在链接未被访问时的风格；"a:visited"表示超级链接被访问过后的风格；"a:hover"表示鼠标光标指向超级链接但未单击时的链接风格；"a:active"表示鼠标单击链接时的链接风格。

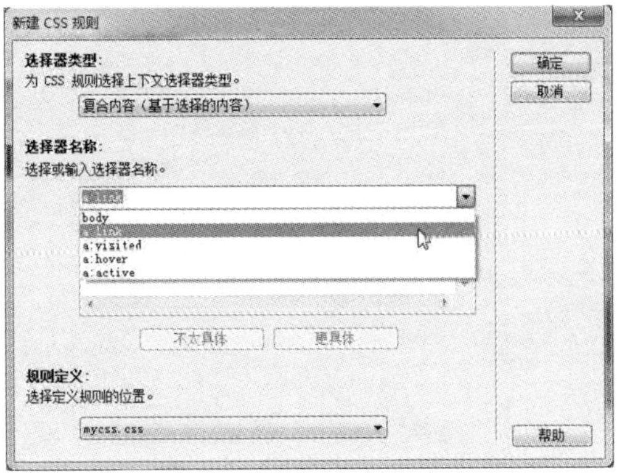

图 8-10　【新建 CSS 规则】对话框

步骤2 在"选择器名称"下拉列表中选择"a:link"，将规则定义在"mycss.css"文件中，单击"确定"按钮，打开【a:link 的 CSS 规则定义】对话框，如图 8-11 所示。在左侧"分类"列表中选择"类型"项，设置字体大小为 12px，颜色为#06F，修饰为无（表示无下画线），单击"确定"按钮，完成"a:link"样式规则的定义。

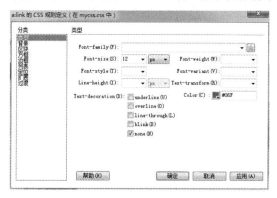

图 8-11　【a:link 的 CSS 规则定义】对话框

步骤3 同定义"a:link"的 CSS 规则方法一样，在步骤 1 对话框中选择"a:visited"，在【a:visited 的 CSS 规则定义】对话框中设置"a:visited"超级链接样式，如图 8-12 所示。

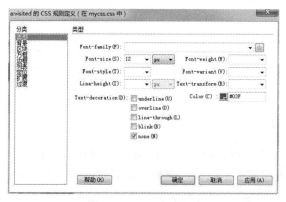

图 8-12　【a:visited 的 CSS 规则定义】对话框

步骤4 以相同的方法，在"mycss.css"文件中定义"a:hover"超级链接样式。"a:hover"的 CSS 规则如图 8-13 所示。

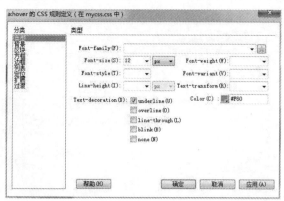

图 8-13　【a:hover 的 CSS 规则定义】对话框

8.2.5　应用类 CSS 样式

前面介绍了"乐途网"中的 3 类 CSS 样式的创建方法，其他类型的 CSS 样式可以按照同样的方法进行创建。所需的 CSS 样式创建好后，"mycss.css"样式表文件中的内容如图 8-14 所示。

```
1   a:link {
2       font-size: 12px;
3       color: #06F;
4       text-decoration: none;
5   }
6   a:hover {
7       font-size: 12px;
8       color: #F60;
9       text-decoration: underline;
10  }
11  a:visited {
12      font-size: 12px;
13      color: #03F;
14      text-decoration: none;
15  }
16  .table1 {
17      border-top-width: 1px;
18      border-right-width: 1px;
19      border-bottom-width: 5px;
20      border-left-width: 1px;
```

图 8-14　"mycss.css"样式表文件内容

下面来应用创建好的 CSS 样式美化页面。因为在创建".black12"、".table"及超级链接样式时，"商旅管理"栏目网页（ctmindex.html）为当前打开页面，因此，可以直接应用"mycss.css"样式表文件中的 CSS 样式。

超级链接的样式不需要再进行设置，当超级链接 CSS 样式创建后，当前页面中所有的超级链接自动会应用定义好的"a:link"、"a:visited"和"a:hover"样式。".black12"和".table1"类 CSS 样式的应用步骤如下。

步骤 1　在"商旅管理"网页（ctmindex.html）的设计视图中，用鼠标光标选中"商旅管理介绍"的文本，如图 8-15 所示。

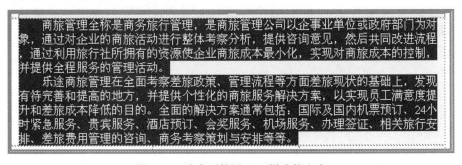

图 8-15　选中要使用 CSS 样式的文本

步骤 2　在【属性】面板的"类"下拉列表中选择类样式"black12"，如图 8-16 所示，这样所选中的文本就设置成"black12"所定义的样式。

图 8-16　在【属性】面板中选择样式

步骤 3 选中要应用"table1"CSS 样式的表格，如图 8-17 所示。

图 8-17 选中要应用"table1"CSS 样式的表格

步骤 4 在【属性】的面板的"类"下拉列表中选择"table1"样式，如图 8-18 所示，将所选中的表格设置为"table1"样式。

图 8-18 在【属性】面板中设置类样式

8.2.6 主页应用 CSS 样式表文件

前面几项任务已经基本完成"商旅管理"页面的制作，从效果图中可以看出，使用了 CSS 样式的页面比未用 CSS 样式的页面更加美观。下面将主页 index.html 也应用创建好的"mycss.css"样式文件，来美化主页内容。

步骤 1 在右侧【文件】浮动面板中，双击鼠标打开"乐途网"主页 index.html。

步骤 2 在【CSS 样式】面板中选择"附加样式表"选项，或者直接单击面板下的"附加样式表"按钮 ，打开【链接外部样式表】对话框，如图 8-19 所示。

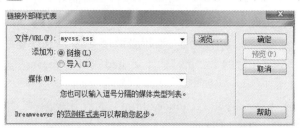

图 8-19 【链接外部样式表】对话框

步骤 3 在"文件/URL"文本框中输入"mycss.css"的路径及文件名，也可单击"浏览"按钮从对话框中选择该文件。

步骤 4 在"添加为"设置区域，选择添加该样式的方式，有"链接"和"导入"两种方式。

如果选中"链接"单选按钮，然后单击"确定"按钮，则会在页面的头部插入以下代码。

```
<link href="mycss.css" rel="stylesheet" type="text/css" />
```

即通过<link>标签将样式表文件 mycss.css 与网页文档链接。

如果选中"导入"单选按钮，然后单击"确定"按钮，则会在网页头部的<style>和</style>标签之间插入下列代码。

```
@import url("mycss.css");
```

也就是说，通过@import 标签实际上将 mycss.css 中的内容嵌入到网页文档的代码中。

步骤 5 附加样式表后，在当前网页文档中就可以应用 mycss.css 样式表文件中所定义的 CSS 样式了。

8.3 知识链接

8.3.1 CSS 简介

▶ 1. CSS 及其作用

CSS 是 Cascading Style Sheets 的英文缩写，即层叠样式表。CSS 是一种用来进行网页风格设计的样式表技术。使用 CSS 可以对网页中文本的大小、字体、颜色、边框、链接状态等内容进行统一设置，保证站点页面的整体风格一致。

▶ 2. CSS 的特点

（1）创建一个 CSS 样式，可以用于多个网页文档。

（2）若修改了某个 CSS 样式，则文档中所有应用该样式的文档格式都会自动进行更新。

（3）CSS 样式可以为网页中的元素设置各种过滤器，从而产生特殊效果，如阴影、辉光、模糊和透明等。

（4）可以精确地控制网页中元素的位置。

（5）由于是直接的 HTML 格式的代码，因而网页打开速度比较快。

（6）使用 CSS 可以将设计部分剥离出来放在一个独立样式文件中，让多个网页文件共同使用，省去在每一个网页文件中都要重复设置样式的麻烦。

（7）CSS 有很好的兼容性，只要是可以识别 CSS 样式的浏览器都可以应用它。

（8）CSS 容易编写，在 Dreamweaver 中提供相应的辅助工具。

▶ 3. CSS 的语法规则

CSS 格式设置规则由两部分组成：选择器和声明块。选择器是标识已设置格式元素的术语（如 p、h1、类名称或 ID），而声明块则用于定义样式属性。在下面的示例中，h1 是选择器，介于大括号"{}"之间的所有内容都是声明块：

```
h1 {
    font-size: 16 pixels;
    font-family: Helvetica;
    font-weight:bold;
}
```

在 Dreamweaver 中可以定义以下样式类型。

（1）类样式：可将样式属性应用于页面上的任何元素，是较常用的定义方式。在定义类样式后，名称前会有一个"."符号，用户需要手动对对象应用样式，且只会影响到应用了该样式的对象。

（2）HTML 标签样式：可以重新定义特定标签的格式。例如，创建或更改 h1 标签的 CSS 样式时，所有用 h1 标签设置了格式的文本都会立即更新。

（3）高级样式：重新定义特定元素组合的格式，或其他 CSS 允许的选择器表单的格式（例如，每当 h2 标题出现在表格单元格内时，就会应用选择器 td h2）。高级样式还可以重定义包含特定 ID 属性的标签的格式（例如，由#myStyle 定义的样式可以应用于所有包含属性/值对 ID="myStyle"的标签）。

▶ 4．CSS 的保存方式

CSS 样式表可以保存在网页内部或者网页外部。

（1）保存在网页内部：将 CSS 样式保存在当前网页<head>与</head>之间的 style 标签中，样式只对当前网页有效，仅当前网页中的对象才能应用相应的样式。

（2）保存在网页外部：将 CSS 样式保存在一个独立的样式表文件中（.CSS），在网页中只要链接该样式表文件，就可以使用其中的样式，多个网页可以使用同一样式表文件。

8.3.2 认识【CSS 样式】面板

在 Dreamweaver 中，可以使用【CSS 样式】面板来创建层叠式样式表。用户可以使用"窗口/CSS 样式"命令，或者使用"Shift+F11"组合键打开【CSS 样式】面板，如图 8-20 所示。

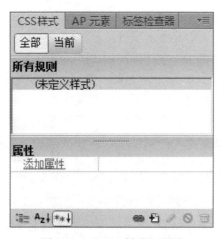

图 8-20 "CSS 样式"面板

【CSS 样式】面板中常用按钮的功能如下。

- 显示类别视图按钮 ：分类显示所有属性。
- 显示列表视图按钮 ：按字母显示所有属性。
- 只显示设置属性按钮 ：仅显示那些已进行设置的属性，为默认视图。
- 附加样式表按钮 ：打开【链接外部样式表】对话框，选择要链接到或导入到当前文档中的外部样式表。
- 新建 CSS 样式按钮 ：打开一个对话框，可在其中选择要创建的样式类型（例如，创建类样式、重新定义 HTML 标签或定义 CSS 选择器）。
- 编辑样式按钮 ：打开一个对话框，可在其中编辑当前文档或外部样式表中的样式。
- 删除嵌入样式表按钮 ：删除【CSS 样式】面板中的选定规则或属性，并从它所应用于的所有元素中删除格式设置。此时不会删除由该样式引用的类或 ID 属性。

8.3.3 管理 CSS 样式

在创建 CSS 样式后，如果对当前设置的效果不满意，可以对样式进行修改，不需要的 CSS 样式也可以删除掉。

▶ 1. 编辑 CSS 样式

编辑 CSS 样式有三种方法：第一种是在【CSS 规则定义】对话框中进行修改；第二种是在【CSS 样式】面板中进行修改；第三种是在 CSS 文件中直接对样式代码进行修改。

（1）在【CSS 规则定义】对话框中修改。在【CSS 样式】面板中选择要修改的 CSS 样式规则，如图 8-21 所示，单击"编辑样式"按钮 ✎，打开【CSS 规则定义】对话框。在【CSS 规则定义】对话框中根据需要对样式规则进行修改，如图 8-22 所示。

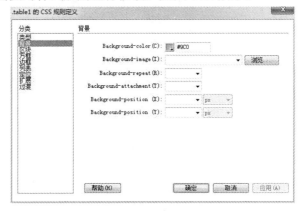

图 8-21 选择 CSS 样式规则　　　　　　图 8-22 修改 CSS 样式规则

修改完毕后单击"确定"按钮完成样式的修改，应用了该样式的网页元素会自动更新效果。保存 CSS 文件或网页文档，就可以在浏览器中预览效果。

（2）在【CSS 样式】面板中修改。在【CSS 样式】面板中，选中要修改的样式，如图 8-23 所示。在下方的"属性"栏中单击要修改的属性值，此时系统会根据属性的类别显示一个文本框、下拉列表框或颜色按钮等，在其中输入或选择新的属性值即可，如图 8-24 所示。

图 8-23 选择要修改的样式　　　　　　图 8-24 修改属性设置

（3）在 CSS 文件代码中修改。如果对 CSS 语法非常熟悉，则可以在 CSS 样式表文件或者网页的<style>和</style>标签内直接新定义 CSS 规则或者修改 CSS 样式属性，如图 8-25 所示。

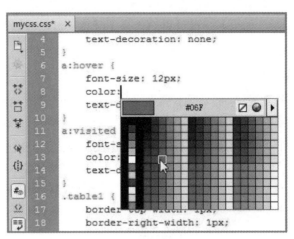

图 8-25　在代码中编辑 CSS 样式

2. 删除 CSS 样式

如果某个 CSS 样式不需要或者未使用，可以将该样式删除，在【CSS 样式】面板中选中要删除的 CSS 样式，再单击"删除 CSS 规则"按钮 🗑，或者按"Del"键，即可删除该 CSS 样式。

8.3.3　设置 CSS 样式属性

前面通过"商旅管理"页面，介绍了 CSS 样式的创建、应用和管理方法，下面对 CSS 样式的属性设置再进行详细说明。CSS 样式属性设置通过【CSS 规则定义】对话框完成，在该对话框中有 9 个选项：类型、背景、区块、方框、边框、列表、定位、扩展和过渡，下面分别介绍。

1. 类型样式设置

【类型】对话框如图 8-26 所示，可以用来设置文本的样式，其各项功能如下。

图 8-26　类型属性的设置

- 字体（Font-family）：用来选择文本的字体。单击下拉列表框的最后一项"编辑字体列表"可以添加或删除字体组合。
- 大小（Font-size）：用来设置文本的大小。可以通过选择数字和度量单位来设置特定的大小，也可以选择相对大小。使用像素作为单位可以有效地防止浏览器扭曲文本。
- 样式（Font-style）：用于设置文本的倾斜格式，有"正常"、"斜体"和"偏斜体"三种选项。
- 行高（Line-height）：设置文本所在行的高度。选择"正常"自动计算字体大小的行高，或者输入一个确切的值并选择一种度量单位。
- 修饰（Text-decoration）：向文本中添加下画线、上画线或者删除线，或者使文本闪烁。常规文本的默认设置是"无"，链接的模式设置是"下画线"。如果超级链接样式的修饰设为"无"时，则链接中的下画线会被去除。
- 粗细（Font-weight）：用于设置文本加粗的程度。可以直接输入或者从列表中选择所需的加粗值。
- 变体（Font-variant）：设置文本的小型大写字母变体。
- 大小写（Text-transform）：用于设置文本的大小写。
- 颜色（Color）：单击"下三角"按钮，可以打开调色板设置文本的颜色，也可以在该按钮后边的文本框中直接输入颜色的HTML代码。

2．背景样式设置

【背景】对话框如图8-27所示，可以用来设置网页元素的背景属性，其各项功能如下。

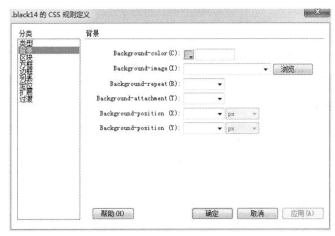

图8-27　背景属性的设置

- 背景颜色（Background-color）：设置元素的背景颜色。
- 背景图像（Background-image）：设置元素的背景图片。
- 重复（Background-repeat）：设置背景图像的重复方式。"不重复"只在元素开始处显示一次图像；"重复"在元素后面水平和垂直平铺图像；"横向重复"和"纵向重复"分别显示图像的水平带区和垂直带区，图像被剪辑为适合元素的边界。
- 附件（Background-attachment）：设置背景图像是固定在其原始位置还是随内容一

起滚动。

● 水平位置和垂直位置：设置背景图像相对于元素的初始位置，可以用于将背景图像与页面中心水平和垂直对齐。

3．区块样式设置

【区块】对话框如图 8-28 所示，可以用来设置文本的间距和对齐格式，其各项功能如下。

● 单词间距（Word-spacing）：设置字词的间距。

● 字母间距（Letter-spacing）：增加或减少字母或字符的间距。

● 垂直对齐（Vertical-align）：设置元素的垂直对齐方式。

● 文本对齐（Text-align）：设置文本在元素内的对齐方式。

● 文字缩进（Text-indent）：设置第一行文本缩进的程度。

图 8-28　区块属性的设置

● 空格（White-space）：设置处理元素中空格的方式。"正常"表示收缩空白；"保留"表示保留所有空白；"不换行"表示仅遇到 br 标签时文本才换行。

● 显示（Display）：用来设置是否显示元素及如何显示元素。

4．方框样式设置

【方框】对话框如图 8-29 所示，用来设置元素（如图像和层）的高度、宽度、浮动、内容与边框之间的距离及元素内边框与外边框之间的距离等属性，其各项功能如下。

图 8-29　方框属性的设置

- 宽（Width）和高（Height）：设置元素的宽度和高度。
- 浮动（Float）：设置其他元素（如文本、AP Div、表格等）围绕元素的哪个边浮动。其他元素按通常的方式围绕在浮动元素的周围。
- 清除（Clear）：定义不允许AP元素的边。如果清除边上出现AP元素，则带清除设置的元素将移到该元素的下方。
- 填充（Padding）：设置元素内容与元素边框之间的间距（如果没有边框，则为边距）。取消选择"全部相同"选项可以设置元素各边的填充。
- 边距（Margin）：设置一个元素的边框与另一个元素之间的间距（如果没有边框，则为填充）。取消选择"全部相同"可设置元素各边的边距。

5. 边框样式设置

【边框】对话框如图8-30所示，用于设置元素边框的一些属性，主要有四个边的样式、宽度及颜色等。

图8-30　边框属性的设置

6. 列表样式设置

【列表】对话框如图8-31所示，用于设置类表的一些属性，包括类型、项目符号图像及位置等属性。

图8-31　列表属性的设置

7. 定位样式设置

【定位】对话框如图 8-32 所示，一般用来对层的位置、大小等属性进行设置，其各项功能如下。

- 类型（Position）：确定浏览器应如何定位选定的元素。其中"绝对"项使用"定位"框中输入的、相对于最近的绝对或相对定位上级元素的坐标（如果不存在绝对或相对定位的上级元素，则为相对于页面左上角的坐标）来放置内容。"相对"项使用"定位"框中输入的、相对于区块在文档文本流中的位置的坐标来放置内容区块。"固定"项使用"定位"框中输入的坐标（相对于浏览器的左上角）来放置内容。"静态"项将内容放在其在文本流中的位置，这是所有可定位的 HTML 元素的默认位置。
- 显示（Visibility）：设置内容的初始显示条件。选择"继承"项将继承内容的父级可见属性；选择"可见"项将显示内容，而与父级的值无关；选择"隐藏"项将隐藏内容，与父级的值也无关。如果不指定可见性属性，则默认为"继承"，内容将集成父级标签的值。Body 标签的默认可见性是可见的。
- Z 轴（Z-Index）：设置内容的堆叠顺序。Z 轴值较高的元素显示在 Z 轴值较低的元素的上方。

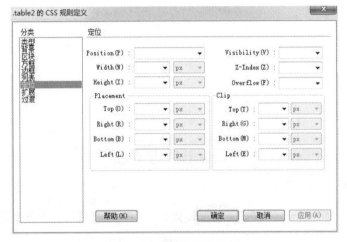

图 8-32　定位属性的设置

- 溢出（Overflow）：设置当容器（如 DIV）中内容超出容器的显示范围时的处理方式。选择"可见"项，将增加容器的大小，容器向右下方扩展，使其全部内容可见。选择"隐藏"项，将保持容器的大小并剪辑任何超出的内容，不提供任何滚动条。选择"滚动"项将在容器中添加滚动条，而不论内容是否超出容器的大小。选择"自动"项则仅当内容超出容器的边界时才出现滚动条。
- 定位（Placement）：设置内容块的位置和大小。
- 剪辑（Clip）：设置内容的可见部分。

8. 扩展样式设置

【扩展】对话框如图 8-33 所示，用于设置一些扩展属性，如打印时的分页属性、当鼠标光标移动到元素上时鼠标光标的形状及滤镜等，其各项功能如下。

图 8-33　扩展属性的设置

（1）分页：在打印期间在样式所控制的对象之前或者之后强行分页。可在下拉菜单中选择要设置的选项。此项设置不受任何 4.0 以上版本浏览器的支持。

（2）光标（Cursor）：设置当鼠标光标移动到元素上时鼠标光标的形状。

（3）过滤器（Filter）：对样式所控制的对象应用特殊效果。过滤器中所包括的各类效果及其参数说明如下。

● Alpha：透明效果。可以使图像呈现出透明效果，共有 7 个参数。Opacity 为不透明度，范围是 0～100，0 表示完全透明，100 表示完全不透明；Finishopacity 为结束时的不透明度，用来设定图像结束时的不透明度，用它可以制作出透明渐变的效果，取值范围同 Opacity；Style 为样式，用来指定图像渐变的类型，0 表示没有渐变，1 表示直线渐变，2 表示圆形渐变，3 表示矩形渐变；StartX 和 StartY 表示渐变开始的 X、Y 坐标值；FinishX 和 FinishY 表示渐变结束的 X、Y 坐标值。

● BlendTrans：渐隐渐现效果。可以使图像呈现淡入淡出的特效，参数 Duration 用来设置渐隐渐现的时间，以秒为单位。

● Blur：动感模糊效果。让图像产生移动模糊的效果，参数 Add 表示是否在动感模糊中使用原有的目标，0 表示"否"，1 表示"是"；Direction 表示模糊移动的角度，范围是 0～360 度；Strength 为图像模糊的力度，单位是像素，取自然数。

● Chroma：色度。用来把图像中的某种颜色变成透明的。参数 Color 用来指定产生透明的颜色，可以设置为 Hex 格式（#RRGGBB 格式）或通用的英文名称，如 red（红色）。

● Dropshadow：下拉阴影效果。参数 Color 指定阴影的颜色，格式同上。OffX 指阴影在水平方向上的偏移值，正数表示阴影在图像的右方，负数表示阴影在图像的左方；OffY 指阴影在垂直方向上的偏移值，正数表示阴影在图像的上方，负数表示阴影在图像的下方；Positive 表示阴影的透明度，0 表示透明像素生成阴影，1 表示不透明像素生成阴影。

● FlipH：水平翻转。使图像在水平方向上产生翻转。

● FlipV：垂直翻转。使图像在垂直方向上产生翻转。

● Glow：光晕效果。使图像周围按选定的颜色产生光晕效果。参数 Color 表示产生光晕的颜色；Strength 表示发射幅度，范围是 1～255，数字越大光晕效果越强烈。

- Gray：黑白效果。将彩色图像转变为黑白颜色，图像中的色彩以灰度级别显示。
- Invert：反转效果。逆转图像颜色，也就是把图像中的色彩和亮度反转显示。
- Light：灯光效果。将图像中的所有可见像素变成黑色。
- Mask：蒙版效果。把图像中的所有可见像素遮罩成透明，而其他的部分以指定的颜色填充。参数 Color 用来指定遮罩的颜色。
- RevealTrans：图像转换显示效果。它包含了 24 种图像效果，参数 Duration 用来定义图像转换的时间，以秒为单位；Transition 指定图像转换的类型，共有 24 种。
- Shadow：阴影效果。产生的效果介于光晕和下拉阴影之间，有渐进效果，立体感很强。参数 Color 指定阴影的颜色；Direction 指定阴影的方向，范围是 0～360 度。
- Wave：波浪效果。使图像产生波浪一样的变形效果。参数 Add 设置是否显示原图像，0 表示不显示，1 表示显示；Freq 表示波形扭曲的次数；Lightstrength 表示光照的强度，范围是 0～100，0 表示最弱，100 表示最强；Phase 指波形的形状，范围是 0～360；Strength 指波形的振幅，取自然数。
- Xray：X 光透视效果。产生像平时拍照的 X 光片一样的图像效果，相当于先用灰度功能去掉色彩信息，然后再将其反转。

168

9. 过渡样式设置

【过渡】对话框如图 8-34 所示，用户可以使用过渡样式来对 CSS 动画效果进行相关设置，其各项功能如下。

- 所有可动画属性：可以设置所有的动画属性。
- 属性：可以为 CSS 过渡效果添加属性。
- 持续时间：设置 CSS 过渡效果的持续时间。
- 延迟：设置 CSS 过渡效果开始之前延迟的时间。
- 计时功能：从可用选项中选择过渡效果样式。cubic-bezier(x1,y1,x2,y2)选项表示在 cubic-bezier 函数中定义自己的值，可能的值是 0～1 之间的数值。ease 选项规定以慢速开始，然后变快，最后以慢速结束的过渡效果。ease-in 选项规定以慢速开始的过渡效果。ease-out 选项规定以慢速结束的过渡效果。ease-in-out 选项规定以慢速开始和结束的过渡效果。linear 选项规定以相同速度开始至结束的过渡效果，相当于等于 cubic-bezier(0,0,1,1)。

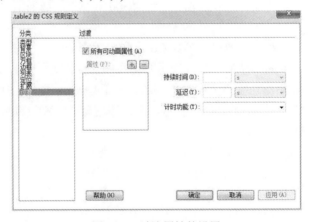

图 8-34　过渡属性的设置

用户可以通过执行【窗口】|【CSS 过渡效果】菜单命令打开【CSS 过渡效果】面板，并创建、修改和删除 CSS 过渡效果。

8.4 总结提升

CSS 样式是一种高级的格式化网页元素的技术，它可以以样式表文件的形式保存在磁盘上，需要时可以"附加"到某一个网页文档，而且以后一旦修改了某个 CSS 样式，文档中所有应用该样式的文件的格式都会自动得到更新。

本项目通过制作"乐途网"的"商旅管理"栏目页面，讲解了 CSS 样式的创建、应用、管理及属性设置等内容。读者在掌握 CSS 的创建与使用方法后，可以举一反三，制作出各种各样的 CSS 样式，这样在网页制作中可以方便地美化页面、统一页面样式，减少 HTML 代码量。本项目内容将为今后学习 Div 的网页布局奠定基础。

8.5 拓展训练

一、选择题

1. "层叠样式表"的英文全称为（　　）。

A．Cascading Sheets Style　　　　　　　B．Cascading Style Sheets

C．Cascading Style selector　　　　　　　D．Cascading selector Style

2. 使用什么快捷键可以打开【CSS 样式】面板？（　　）

A．Shift + F11　　　B．Alt + F11　　　C．F11　　　D．Ctrl + F11

3. 在 CSS 语言中下列哪一项是"字体加粗"的允许值？（　　）

A．white-space: <值>　　　　　　　　B．list-style-type: <值>

C．bolder　　　　　　　　　　　　　　D．list-style-image: <值>

4. 下面关于应用样式表的说法错误的是（　　）。

A．首先选择要使用样式的内容

B．也可以使用标签选择器来选择要使用样式的内容，但是比较麻烦

C．选择要使用样式的内容，在【CSS 样式】面板中单击要应用的样式名称即可

D．应用样式的内容可以是文本或者段落等页面元素

二、填空题

1. 在 Dreamweaver 中可以定义的 CSS 样式类型主要有_____、_____、和_____三种。

2. CSS 样式外部文件的扩展名是_____。

3. 附加样式表分为_____和_____两种方式。

三、简述题

1. CSS 的作用是什么？

2．样式表中的 CSS 样式是如何应用到多个网页文件的？

3．CSS 各种滤镜的应用是什么？

四、实践题

1．运用本项目所学的知识，举一反三，在 mycss.css 样式表文件中定义"乐途网"中要用到的其他 CSS 规则，并使用 CSS 样式来美化网页。

2．应用模板创建"帮助中心"页面及其子页面。

操作提示：

① 在"letaoweb"站点下创建"帮助中心"页面，使用表格布局，保存文档在"letaoweb"站点下的文件夹"ch8"中，并命名为"pzindex.html"。

② 定义 CSS 样式，设置网页元素的样式，保存网页及 CSS 样式表文件。

③ 插入图像等网页元素。按"F12"键在浏览器中预览效果，如图 8-35 所示。

图 8-35　"帮助中心"页面效果

④ 创建"帮助中心"子页面"ruhegoumai.html"，并保存在"letaoweb"站点下的文件夹"ch8"中，如图 8-36 所示。

图 8-36　"购物流程"页面效果

高效灵活的网页布局——框架的应用

 **知识要点**

★ 认识框架及框架集
★ 掌握框架网页的创建方法
★ 掌握框架及框架集的基本操作
★ 掌握框架及框架集的属性设置方法

9.1 网页展示：使用框架布局"旅游度假"页面

框架可以把浏览器窗口划分成若干个区域，每个区域都可以分别显示不同的页面，使用框架可以实现导航的效果，使网页布局更灵活。

在"乐途网"中，使用框架布局制作的"旅游度假"页面，效果图如图 9-1 所示。

图 9-1　使用框架布局的"旅游度假"页面效果

页面用框架集分成 4 个部分，顶部 topFrame 框架用于显示网站导航，中间左侧 leftFrame 框架用于显示"旅游度假"子栏目导航，中间右侧 mainFrame 框架用于显示子栏目内容，底部 bottomFrame 框架用于显示站点版权等信息，其框架结构如图 9-2 所示。

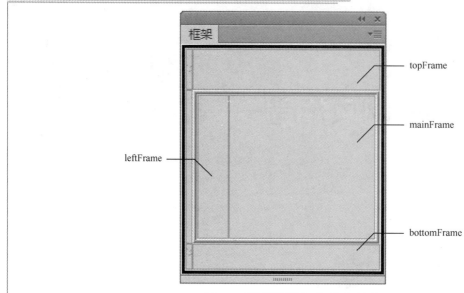

图 9-2　"旅游度假"页面框架结构

　　点击左侧 leftFrame 框架中的链接，所链接的页面内容会在 mainFrame 框架位置显示，顶部站点导航、底部版权信息及左侧栏目导航内容保持不变，只有 mainFrame 框架中的内容发生变化，而整个"旅游度假"页面没有被重新加载。如果 mainFrame 框架中显示的页面内容超出显示范围时，会在框架右侧及底部显示垂直滚动条和水平滚动条。单击左侧栏目"首都 | 北京"链接时所显示的页面内容如图 9-3 所示。

图 9-3　"首都 | 北京"栏目页面内容

9.2 网页制作

9.2.1 创建和保存框架页面

步骤1 运行 Dreamweaver CS6，选择【新建】菜单命令，在站点根目录中新建一个空白的 HTML 页面文件，默认名称为"Untitled-1.html"。

步骤2 执行【插入】|【HTML】|【框架】|【上方及下方】菜单命令，在页面中插入框架。这时会弹出【框架标签辅助功能属性】对话窗口，如图9-4所示。网页的页面窗口被分成了上、中、下三个部分，顶部为 topFrame 框架，中间灰色部分为 mainFrame 框架，底部为 bottomFrame 框架。在【框架标签辅助功能属性】对话框中可以为每个框架设置一个标题。单击"确定"按钮，返回到【设计】视图，"Untitiled-1.html"页面被自动放置在 mainFrame 框架中。

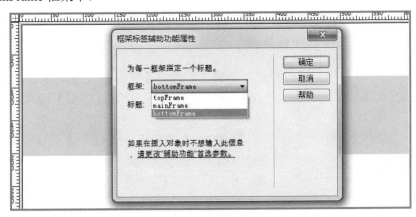

图 9-4 【框架标签辅助功能属性】对话框 1

步骤3 单击中间 mainFrame 框架内的"Untitled-1.html"页面，将光标放到该页面中，执行【插入】|【HTML】|【框架】|【左对齐】菜单命令，将窗口中间框架又分成左右两个框架，如图9-5所示。其中左侧为 leftFrame 框架，右侧灰色部分为 mainFrame 框架，mainFrame 框架中的页面仍然是"Untitled-1.html"。

图 9-5 【框架标签辅助功能属性】对话框 2

步骤4 单击"确定"按钮关闭对话框，完成"旅游度假"栏目框架网页的创建，接下来对框架网页进行保存。

步骤5 选择【文件】【保存全部】命令项，将整个框架集页面命名为"lydjindex.html"，作为"旅游度假"栏目首页保存在站点根目录中。因为 mainFrame 框架中的"Untitled-1.html"页面之前没有保存，紧接着会提示保存，将"Untitled-1.html"页面重新命名为"lydjmain.html"保存在站点"letuweb\ch9"中。

步骤6 单击进入顶部 topFrame 框架页面，选择【文件】|【保存框架】命令项，或者直接按"Ctrl+S"组合键，将 topFrame 框架页面命名为"top.html"，保存在站点"letuweb\ch9"中。

步骤7 单击进入左侧 leftFrame 框架页面，选择【文件】|【保存框架】命令项，将 leftFrame 框架页面命名为"left.html"，保存在站点根目录中。

步骤8 单击进入底部 bottomFrame 框架页面，选择【文件】|【保存框架】命令项，将 bottomFrame 框架页面命名为"bottom.html"，保存在站点"letuweb\ch9"中，完成所有框架页面的保存。

9.2.2 设置框架及框架集属性

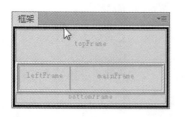

图9-6 选择"上方及下方"框架集

步骤1 选择【窗口】|【框架】命令项，或按"Shift+F2"组合键，打开【框架】面板，如图 9-6 所示。

步骤2 在【框架】面板中，单击框架集边框，如图 9-6 所示，选择在页面中插入的"上方及下方"框架集，显示框架集【属性】面板。

步骤3 框架集【属性】面板如图 9-7 所示，这里设置边框为"否"，边框宽度为 0。在【属性】面板的右侧"行列选定范围"中，单击选中 topFrame 框架，将"行"值设置为 190 像素，再单击选中 bottomFrame 框架，将"行"值设置为 60 像素。

图9-7 框架集【属性】面板

步骤4 在【框架】面板中，单击框架集边框，如图 9-8 所示，选择在页面中间插入的"左对齐"框架集。

步骤5 在框架集【属性】面板右侧"行列选定范围"中选择 leftFrame 框架，设置边框为"否"，边框宽度为 0，"列"值设置为 282 像素，如图 9-9 所示。

图9-8 选择框架集

图 9-9　设置框架集属性

步骤 6　在【框架】面板中选择 topFrame 框架，在【属性】面板中设置顶部框架的属性，如图 9-10 所示。

图 9-10　设置 topFrame 框架属性

步骤 7　在【框架】面板中选择 mainFrame 框架，在【属性】面板中设置内容显示主框架的属性，如图 9-11 所示。

图 9-11　设置 mainFrame 框架属性

步骤 8　在【框架】面板中选择 leftFrame 框架，在【属性】面板中设置左侧框架的属性，如图 9-12 所示。

图 9-12　设置 leftFrame 框架属性

步骤 9　在【框架】面板中选择 bottomFrame 框架，在【属性】面板中设置底部框架的属性，如图 9-13 所示。

图 9-13　设置 bottomFrame 框架属性

9.2.3　制作框架页面

步骤 1　在【文件】面板中双击 top.html 文件，在工作区以设计视图打开文件。

步骤 2　在【属性】面板中单击"页面属性"按钮，打开【页面属性】对话框，设置 top.html 页面的上下和左右边距为 0，如图 9-14 所示。

图 9-14　在【页面属性】对话框设置属性

步骤 3　在 top.html 中插入表格，宽度设置为 890 像素，如图 9-15 所示，保证表格高度与 topFrame 框架的行高一致，并设置表格的对齐方式为左对齐。

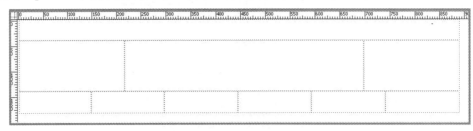

图 9-15　插入表格

步骤 4　在表格中插入图片、文本及导航图像，并设置好 CSS 样式，完成顶部导航页面 top.html 的制作，如图 9-16 所示。读者也可以通过复制、粘贴的方式将以前制作好的导航内容粘贴到本页面，从而提高制作效率。

图 9-16　top.html 页面内容

步骤 5　接下来制作 indexmain.html 页面内容。在【文件】面板中双击 indexmain.html 文件，在工作区以设计视图打开文件。

步骤 6　打开【页面属性】对话框，将 indexmain.html 页面的上下边距和左右边距都设为 0。

步骤 7　在 indexmain.html 中插入表格，设置表格宽度为 608 像素，制作如图 9-17 所示的页面内容。

步骤 8　在工作区设计视图中打开 left.html 页面，设置页面的上下边距和左右边距都设为 0。在页面中插入表格，设置表格宽度为 288 像素，对齐方式为右对齐，制作如图 9-18 所示的“旅游度假”子栏目导航。

图 9-17　indexmain.html 页面内容

图 9-18　制作 left.html 页面——"旅游度假"子栏目导航

步骤 9　以设计视图打开 bottom.html 页面，设置页面的上下边距和左右边距都设为 0。在页面中插入表格，设置表格宽度为 890 像素，对齐方式为左对齐，制作如图 9-19 所示的页面内容。读者在制作这个页面时，可以将之前制作好的底部表格直接复制粘贴到 bottom.html 页面中，以提高页面制作效率。

图 9-19　制作 bottom.html 页面

步骤10 将页面全部保存，在浏览器中浏览 lydjindex.html，就会看到图 9-1 所显示的页面效果。

9.2.4 制作"北京"等子页面

用户在 left.html 页面中单击"首都｜北京"超级链接后，子页 beijing.html 的内容将在右侧 mainFrame 框架中显示。

子页 beijing.html 的制作方法与 lydjmain.html 相同，可以利用 lydjmain.html 页面快速创建 gnly.html。

步骤1 在工作区中以设计视图打开制作好的 lydjmain.html 页面。选择【文件】|【另存为】命令项，将 lydjmain.html 页面另存为 beijing.html 页面，保存在站点"letuweb\ch9"中。

步骤2 在设计视图中，对 gnly.html 页面的表格结构进行修改，注意保持表格宽度与 lydjmain.html 页面表格宽度一致。"首都｜北京"子页效果如图 9-20 所示。

图 9-20 制作"北京"子页面

步骤3 设置好 CSS 后，将页面保存。用同样的方法快速制作"广西｜桂林"、"江苏｜苏州园林"等子页面。

9.2.5 在框架中创建超级链接

在 left.html 页面中创建超级链接可将"首都｜北京"、"广西｜桂林"等子页面链接起来。

步骤1 在设计视图中打开 left.html，拖曳鼠标光标选中"首都｜北京"文字，在【属性】面板中设置链接为 gnly.html，目标为 mainframe，如图 9-21 所示。保存后完成"首都｜北京"子栏目超级链接的设置。

步骤2 用同样的方法设置"广西｜桂林"等子页面的超级链接。当用户在 left.html 页面中单击"首都｜北京"、"广西｜桂林"等文本时，对应子页面的内容就会显示在右侧 mainFrame 框架中。

图 9-21 设置"首都 | 北京"子栏目的超级链接

步骤 3 在 left.html 中，单击鼠标选择"旅游度假"文字右侧的图片，在【属性】面板中设置图像链接为 lydjmain.html，目标为 mainframe，如图 9-22 所示。

图 9-22 设置"旅游度假"图片链接

提示：

在 mainFrame 框架中浏览"首都 | 北京"、"广西 | 桂林"等子页时，单击图片链接，可将 mainFrame 框架的内容切换到"旅游度假"栏目最初的内容。

步骤 4 在设计视图中打开 top.html 页面，选择"乐途网"导航中的"旅游度假"图标，在【属性】面板中设置链接为 lydjindex.html，链接目标设置为_parent，保证单击"旅游度假"栏目链接时，lydjindex.html 页面会显示在整个浏览器窗口中，而不是显示在某个框架中，如图 9-23 所示。

图 9-23 设置"旅游度假"导航目标为_parent

步骤 5 top.html 导航页面中的其他链接按照步骤 4 的方法设置。保存全部页面，在浏览器中测试超级链接效果。

9.3 知识链接

9.3.1 **认识框架和框架集**

框架网页是一种特殊的 HTML 网页，框架的作用就是把浏览器窗口划分成若干个区域，每个区域都可以分别显示不同的网页。框架网页由两个主要部分组成：框架集和单个框架。框架集是在一个文档内定义一组框架结构的 HTML 网页，该网页文件中定义了要显示的框架数、框架的大小、载入框架的网页源和其他可定义的属性。单个框架是指在网页上定义的一个区域，每个框架就是不同的 HTML 文档。框架集和框架之间的关系就是包含与被包含的关系。

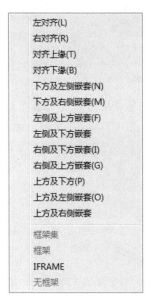

左对齐(L)
右对齐(R)
对齐上缘(T)
对齐下缘(B)
下方及左侧嵌套(N)
下方及右侧嵌套(M)
左侧及上方嵌套(F)
左侧及下方嵌套
右侧及下方嵌套(I)
右侧及上方嵌套(G)
上方及下方(P)
上方及左侧嵌套(O)
上方及右侧嵌套

框架集
框架
IFRAME
无框架

图 9-24　从【插入】菜单中创
建框架页面

9.3.2　创建框架网页

1．通过【插入】菜单来创建框架页面

步骤 1　首先新建空白网页文档。

步骤 2　选择菜单栏中的【插入】|【HTML】|【框架】命令，在弹出的子菜单中选择相应的选项即可创建框架网页，如图 9-24 所示。

2．手动创建框架

可以采用手动创建框架的方式，对框架进行分割，操作步骤如下。

步骤 1　新建空白网页文档，选择【查看】|【可视化助理】|【框架边框】命令项，将框架的边框在编辑窗口四周显示出来，如图 9-25 所示。

步骤 2　用鼠标光标拖曳水平或者垂直的框架外边框到适当的位置，释放鼠标光标，就可以将框架拆分，如图 9-26 所示。如果将拆分框架所生成的框架边框拖曳到图 9-25 所显示的框架边框之外，则取消框架的拆分。

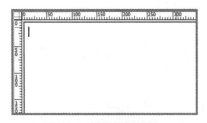

图 9-25　显示框架边框

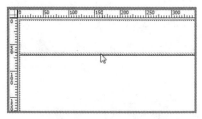

图 9-26　拆分框架

步骤 3　按住"Alt"键，将鼠标光标拖曳到框架边框线上，当鼠标光标变为双向箭头形状时，按住鼠标左键不放，拖曳到合适位置释放鼠标光标，就可以对拆分后的框架进行再次拆分。

3．创建嵌套框架集

创建嵌套框架集即在框架内部再创建框架集，操作步骤如下。

步骤 1　将鼠标光标定位到需要创建嵌套框架集的框架中，如图 9-27 所示。

步骤 2　在【插入】|【HTML】|【框架】菜单项中选择要插入的框架集，如图 9-28 所示。"旅游度假"框架集网页其实就是嵌套框架集。

图 9-27　鼠标定位

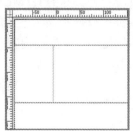

图 9-28　创建嵌套框架

9.3.3 框架及框架集的基本操作

1. 保存框架和框架集文件

框架及框架集都是 HTML 文档，因此这些文件必须一起保存。在 Dreamweaver 中用户可以单独保存一个框架集文件，也可以保存某个框架文件，还可以保存所有打开的框架文件和框架集文件。

（1）保存框架集的所有文件。要保存所有文件，包括框架集文件和框架文件，可以执行【文件】|【保存全部】菜单命令。这时 Dreamweaver 将保存网页中的所有框架集页面。

（2）保存框架集文件。如果只保存框架集文件，可以执行【文件】|【框架集另存为】菜单命令，把当前框架集另存为新文件。

（3）保存框架文件。框架文件实际上就是在框架内打开的网页文件，要保存框架文件，在框架内单击鼠标，定位到要保存的框架页面，然后选择【文件】|【保存框架】菜单命令。

2. 选择框架和框架集

要改变框架和框架集的属性，首先需要选中该框架和框架集。选择框架和框架集有两种方式，分别如下。

（1）通过【框架】面板选择框架和框架集。选择【窗口】|【框架】命令，显示【框架】面板，在【框架】面板中在框架上单击就可以选中框架，如图 9-29 所示。若要选择框架集，只需单击框架集的边框即可，如图 9-30 所示。在【框架】面板中，选中的框架或框架集周围会出现黑色边框，在编辑窗口中，对应所选中的框架或框架集的边界会被虚线包围。

图 9-29 选择框架

图 9-30 选择框架集

（2）在编辑窗口中选择框架和框架集。在编辑窗口的设计视图中，也可以直接选择框架和框架集。如果要选择框架，可以按下"Shift+Alt"组合键，然后单击需要选择的框架即可。如果要选择框架集，直接用鼠标单击框架边框即可。所选中的框架或框架集的边框会呈现虚线。

3. 删除框架

如果创建的框架不符合要求，可以将其删除。如果要删除不需要的框架，可用鼠标光标将得删除框架的边框拖曳到页面之外即可。如果是嵌套框架，可用鼠标光标将其边框拖曳到父框架边框上或者拖曳到页面之外即可。

▶ 4．使用浮动框架制作页面

在 Dreamweaver CS6 中提供了浮动框架 iframe 来进行网页的布局。iframe 与框架（frame）的功能一样，不同的是可以把 iframe 布置在网页中的任何位置（包括层中），可以给网页设计带来很大的灵活性。除了通过执行【插入】|【HTML】|【框架】|【IFRAME】菜单命令创建浮动框架外，还可以通过以下步骤创建。

步骤 1　在网页文档中，将光标定位在要创建浮动框架的位置。将【插入】面板切换到"常用"工具栏，单击"标签选择器"按钮。

步骤 2　在弹出的【标签选择器】对话框中单击"HTML 标签"选项，在右侧标签列表中选择"iframe"，如图 9-31 所示。

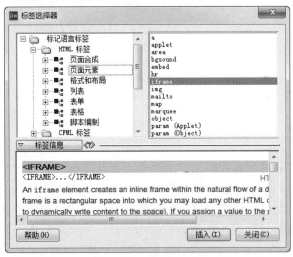

图 9-31　【标签选择器】对话框

步骤 3　单击"插入"按钮，打开【标签编辑器】对话框，如图 9-32 所示。在该对话框中对 iframe 的属性进行编辑，包括要显示的源文件、浮动框架名称及浮动框架的宽度和高度等。

图 9-32　【标签编辑器】对话框

步骤 4　属性设置好后，单击"确定"按钮，再关闭【标签选择器】对话框，在"拆分"视图中就可以看到插入的标签：<iframe src="http://www.csdn.net" name="中文 IT 社

区" width="600" height="400" scrolling="auto"></iframe>。

步骤5 保存网页文档，按"F12"键，在浏览器中浏览。浮动框架 iframe 的网页效果如图 9-33 所示。

图 9-33　浮动框架效果

提示：

1. 使用 iframe 制作浮动框架是一种非常灵活、方便的布局方式，在网页设计中经常使用。

2. 浮动框架的 HTML 一般格式为<iframe src="" name="iframeName" width="" height="" scrolling=" " id="iframeId"></iframe>，用户可以通过两种方式把超级链接的页面显示在指定的 iframe 浮动框架中。

方式一：<a href="URL" target="iframeName">超级链接标题</a>；将超级链接目标指向 iframe。

方式二：document.getElementById("iframeId").src="URL";通过 JavaScript 脚本设置 iframe 的 src 参数。

9.3.4　框架与框架集的属性设置

在 Dreamweaver CS6 中，使用框架的属性面板可以定义框架名称、源文件等属性，使用框架集属性面板可以定义框架集的边框颜色、宽度等属性。

1. 设置框架的属性

要设置框架的属性，可以先选中相应的框架，然后在【属性】面板中设置框架的属性，如图 9-34 所示。

图 9-34　设置框架的属性

在框架属性面板中，各选项的功能如下。

（1）"框架名"文本框：用来输入框架的名称，以便被脚本程序（如 JavaScript 或 VBScript）引用，也可以作为打开链接的目标框架名。

（2）"源文件"文本框：用来设置框架对应的源文件。

（3）"边框"下拉列表框：用于设置是否显示框架的边框。

（4）"滚动"下拉列表框：用来选择框架中滚动条的显示方式，包括"是"、"否"、"自动"和"默认"四个选项。选择"是"表示任何情况下都显示滚动条；选择"否"表示任何情况下都不显示滚动条；选择"自动"表示当框架中的内容超出了框架大小时才显示滚动条，否则就不显示；选择"默认"表示采用浏览器的默认方式，大多数浏览器默认为"自动"。

（5）"不能调整大小"复选框：选中该复选框后，在浏览器中就不能通过拖曳框架边框来调整框架的大小。

（6）"边框颜色"文本框：用来设置当前框架的边框颜色。

（7）"边界宽度"文本框：设置当前框架内容与左右边框之间的距离。

（8）"边界高度"文本框：设置当前框架内容与上下边框之间的距离。

184

2．设置框架集的属性

要设置框架集的属性，可先选中框架集，然后在框架集属性面板中设置框架集的属性，如图 9-35 所示。

图 9-35　设置框架集的属性

在框架集属性面板中，各选项的功能如下。

（1）"边框"下拉列表框：设置在浏览器浏览时，是否显示框架的边框。

（2）"边框颜色"文本框：设置边框的颜色。

（3）"边框宽度"文本框：设置框架集中所有边框的宽度，单位为像素。

（4）要设置框架集中各行或各列的框架大小，可以在右侧"行列选定范围"中单击选择相应区域，然后在左侧的"值"文本框中输入行或列的值。

9.3.5　使用超级链接控制框架内容

使用超级链接控制框架内容，也就是在一个框架中用链接来控制另一个框架中的显示内容，这也是使用框架的主要目的。要实现该功能，必须在创建超级链接时指定链接的目标位置，也就是指明要操作的框架对象。框架位置是通过框架的名称来确定和标识的。

对于如图 9-36 所示的框架集，所包含的三个框架分别为 topFrame、leftFrame 和 mainFrame。若在 topFrame 和 leftFrame 框架中创建超级链接，并使链接内容在 mainFrame 框架中显示，则需要设置链接的目标，如图 9-37 所示。这里需要将目标设置为 mainFrame，这样单击链接后，就会在 mainFrame 框架中打开指定的链接文档。超级链接的目标设置为某个框架后，该链接就会在目标框架中打开。

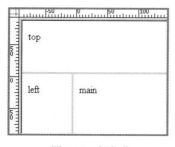

图 9-36 框架集

图 9-37 设置链接的目标

9.3.6 为不能显示框架的浏览器定义内容

如果浏览器不支持框架，浏览到有框架的网页时就不能正确显示。在 Dreamweaver 中可以在框架集文档中创建位于<noframes>和</noframes>标记之间的提示信息，告诉用户浏览器不支持框架时如何操作。要<noframes>和</noframes>标记间的内容可以选择【修改】|【框架集】|【编辑无框架内容】菜单命令，打开"无框架内容"的编辑区，对要显示的信息进行编辑，如图 9-38 所示。也可以在代码视图中直接在<noframes>和</noframes>之间输入内容或内容的 HTML 代码。

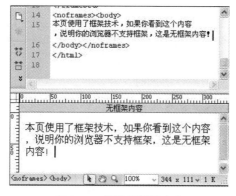

图 9-38 编辑无框架内容

9.4 总结提升

本项目以"乐途网"为例，介绍了框架的使用方法，包括框架和框架集的创建、保存、选择、编辑等内容。通过本项目的学习，读者要学会如何创建框架网页，要知道在什么时候创建框架及如何根据需要设置框架的属性。

9.5 拓展训练

一、选择题

1. HTML 代码<frame name="name">表示（　　）。

A．规定窗框内显示什么 HTML 文档

B．命名窗框或区域以便别的窗框可以指向它

C．定义窗框左右边缘的空白大小

D．定义窗框上下边缘的空白大小

2．在框架网页中添加超级链接时，"目标"选项选择以下那一项时，可以在当前框架窗口打开超级链接页面（　　　）。

A．_blank　　　　　　B．_parent　　　　C．_self　　　　　　D．_top

3．Dreamweaver "框架"插入栏中定义框架集的图标中蓝色区域表示（　　　）。

A．当前文档

B．导航条所在文档

C．主文档

D．显示其他文档的框架

4．设置框架属性时，要使无论内容如何都不出现滚动条的属性设置是（　　　）。

A．设置滚动条的下拉参数为默认

B．设置滚动条的下拉参数为是

C．设置滚动条的下拉参数为否

D．设置滚动条的下拉参数为自动

186

二、填空题

1．_____可以将浏览器显示窗口分割成多个子窗口，每个窗口都是一个独立的网页文档。

2．在编辑窗口中选择框架时，需同时按住_____键，在选择的框架中单击鼠标左键即可选择该框架。若要选择框架集，单击需要选择的框架集的_____即可。

3．框架集与框架的关系是_____。

三、简述题

1．创建框架有哪几种方法？

2．如何在框架中使用超级链接？

3．如何设置框架和框架集的属性？

四、实践题

运用框架布局制作"乐淘网"的"我要购买"栏目页面，如图 9-39 所示。

操作提示：

① 新建"我要购买"页面，命名为 buy.html，用表格布局网页，在页面中添加内容。

② 在 top.html 页面中设置导航链接，超链接目标设置为"mainframe"。

③ 定义 CSS 样式，设置网页元素的样式。

④ 保存网页及 CSS 样式表文件，按"F12"键在浏览器中预览效果，如图 9-39 所示。

⑤ "我要购买"栏目页面运用浮动框架，当单击图 9-39 中的左侧链接时，在右侧浮动框架中显示相应链接的页面内容，如图 9-40 所示。

图 9-39 "我要购买"页面效果

图 9-40 浮动框架中显示相应链接的页面内容

项 目 *10*

实现动态效果——AP Div 和行为的应用

知识要点

★ 了解 AP Div 的作用
★ 掌握 AP Div 的基本操作方法
★ 掌握 Div+CSS 布局方法
★ 掌握使用 Spry 进行页面布局的方法
★ 掌握内置行为的使用方法

10.1 网页展示：使用 AP Div+CSS 制作"酒店机票"页面

运行 Dreamweaver CS6，创建站点，使用 Div+CSS 布局方式制作"乐途网"的"酒店机票"栏目页面。该栏目包括两个页面，分别是"酒店机票"栏目首页 jdjpindex.html 和"机票预订"子页面 jpyd.html。"酒店机票"栏目首页效果图如图 10-1 所示，该页面使用 Div+CSS 布局实现，页面主要内容为酒店信息。

图 10-1 "酒店机票"栏目首页效果

在"酒店机票"首页 jdjpindex.html 中单击左下角"机票预订"右侧的图片链接后，进入"机票预订"子页面，其内容为机票信息，页面效果如图 10-2 所示。该页面也采用了 Div+CSS 布局方式，与"酒店机票"首页不同的是，该页面中的"便捷查询"和"国内特价机票"栏目采用了 Spry 框架制作。

图 10-2 "机票预订"子页面效果

10.2 网页制作

10.2.1 规划"酒店机票"首页布局

步骤 1 构思"酒店机票"首页 jdjpindex.html 页面的层布局。根据"酒店机票"首页效果图可以知道，该页面由以下几部分组成。

● 顶部部分，包括站点 LOGO、Banner 图片，以及导航菜单等内容。

● 页面内容部分，包括左侧查询部分和右侧主体内容部分。

● 底部，包括一些版权信息。

　　根据以上分析，设计页面的布局，绘出层布局结构图，如图 10-3 所示。

　　步骤 2　根据上面构思的页面布局，画出实际的页面布局图，明确层与层的嵌套关系，如图 10-4 所示。

Header层
Menu层

Left层	Right层

Footer层

图 10-3　"酒店机票"首页层布局结构

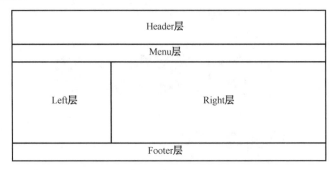

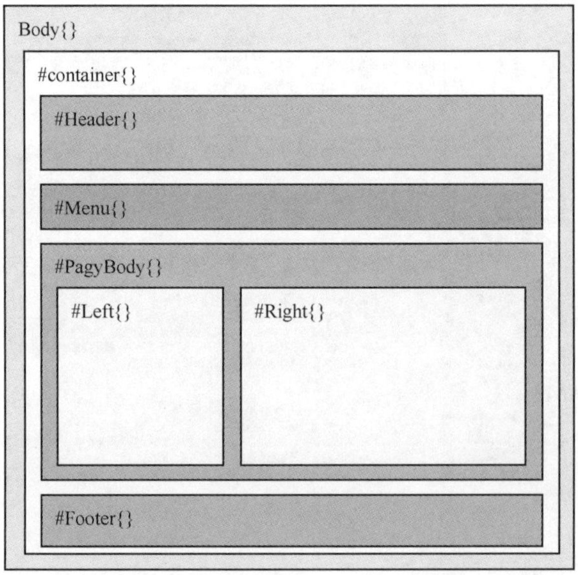

图 10-4　"酒店机票"首页实际层布局图

　　步骤 3　根据实际层布局图，得到页面的 Div 结构如下。

```
body {}   /* HTML 的 body 元素*/
└#Container {}   /*页面层容器*/
    ├#Header {}   /*页面头部*/
    ├#Menu{}   /*导航菜单*/
    ├#PageBody {}   /*页面主体*/
    │   ├#Left {}   /*左侧边栏*/
    │   └#Right {}   /*右侧主体内容*/
    └#Footer {}   /*页面底部*/
```

10.2.2　创建页面，使用 AP Div 布局页面

　　页面的 Div 布局规划好后，就可以在页面中插入 AP 元素，实现网页的布局。

步骤 1 运行 Dreamweaver，新建 HTML 文档，命名为 jdjpindex.html，保存在"乐途网"站点根目录中。

步骤 2 选择【插入】|【布局对象】|【AP Div】菜单命令，在 jdjpindex.html 中插入一个 AP 元素，适当调整元素的宽度和高度，在属性窗口中设置元素的名称为"container"，如图 10-5 所示。

步骤 3 将光标定位在"container"层中，按照"步骤 2"的方法，在"container"层中再插入一个 AP 元素，命名为"Header"，并适当调整元素大小和位置。用同样的方法，根据网页层布局结构，在网页中插入所需的 AP Div 元素，如图 10-6 所示。

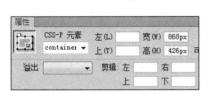

图 10-5 设置 AP Div 元素名称

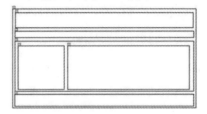

图 10-6 使用 AP Div 布局页面

AP Div 创建完成后，选择【窗口】|【AP 元素】命令项，在【AP 元素】浮动面板中可以看到 7 个 AP 元素的层次关系，如图 10-7 所示。页面的 HTML 代码视图如图 10-8 所示。

图 10-7 AP 元素层次关系

图 10-8 页面代码视图

10.2.3 定义 CSS，设置 Div 显示样式

步骤 1 在站点根目录中新建一个外部样式表文件，命名为 style.css，在代码视图中输入如图 10-9 所示的内容。该文件定义了各 AP 元素的基本样式。

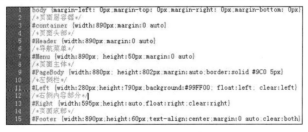

图 10-9 编写 CSS 样式

提示：

① 给标签的 ID 定义样式时，前面要加"#"。

② "margin-left:0px;margin-top:0px;margin-right:0px;margin-bottom:0px"等价于

"margin:0px" 或者 "margin:0px 0px 0px 0px"；"margin:0 auto" 表示上下边距为 0px，左右为自动调整。

③ "float:left" 表示左浮动，"float:right" 表示右浮动；"clear:left" 表示清除左侧浮动，"clear:right" 表示清除右侧浮动。

④ "text-align" 表示文本居中对齐。

⑤ "/*" 和 "*/" 之间的内容为 CSS 注释。

步骤 2　将 jdjpindex.html 页面代码视图中的 \<style>\</style> 里的样式删除，以避免样式的重复定义。

步骤 3　在【CSS 样式】面板中，单击 "附加样式表" 按钮，将 "步骤 1" 中创建的 style.css 附加到页面中。

10.2.4　在 Div 中添加内容

通过上面的任务，已经实现 Div+CSS 的页面布局，下面将需要的内容添加到相应的 Div 中，完成页面的制作。

步骤 1　在【CSS 样式】面板中，单击 "附加样式表" 按钮，打开【链接外部样式表】对话框，将之前定义的 "mycss.css" 网站样式表文件附加到 jdjpindex.html 页面中，如图 10-10 所示。

图 10-10　链接 mycss.css 样式表文件

步骤 2　在 Header 层中插入表格，将站点 Logo、Banner 图片等内容插入到对应的单元格中。

步骤 3　在 Menu 层中制作导航菜单。

步骤 4　在 Right 层中插入表格，制作 "酒店搜索"、"酒店筛选" 和 "机票预订" 等查询内容。将 "机票预订" 右侧的图片设置超级链接，链接到 "机票预订" jpyd.html 页面。

步骤 5　在 Left 层中插入表格，制作 "酒店推荐" 内容。

步骤 6　在 Footer 层中，制作站点版权信息内容。

步骤 7　为文本和表格设置 CSS 样式。保存文档，完成 "酒店机票" 栏目首页的制作，页面效果如图 10-1 所示。

10.2.5　使用 Spry 框架制作 "机票预订" 页面

步骤 1　"酒店机票" 栏目首页 jdjpindex.html 制作完成后，将其另存为 jpyd.html，并修改页面标题为 "乐途旅行网：机票预订"。jpyd.html 页面和 jdjpindex.html 页面布局结构一样，也采用 Div+CSS 布局，因此采用 "另存为" 方式可以提高页面制作效率。

步骤 2　将 jpyd.html 页面中 ID 名称为 Left 和 Right 的 Div 中的内容删除。分别在

Left 和 Right 层中插入表格，如图 10-11 所示。

图 10-11　在 Left 和 Right Div 中插入表格

步骤 3　拆分单元格或插入表格，并在表格中插入文字和图片，完成"机票预订"和"最新机票点评"两个栏目内容的制作，如图 10-12 所示。

图 10-12　在表格中插入文字和图片

步骤 4　将光标定位到左侧"便捷查询"下的白色背景单元格中，使用"Spry 折叠式"制作"便捷查询"内容。在【插入】面板中选择【Spry】项，在"Spry"面板中选择"Spry 折叠式"，如图 10-13 所示。这样就会在光标指定位置插入"Spry 折叠式"应用，如图 10-14 所示。

图 10-13　插入"Spry"框架，选择"Spry 折叠式"

图 10-14 "Spry 折叠式"应用

步骤 5 在页面中选中"Spry 折叠式"，在属性面板中单击"+"按钮，再添加"标签 3"和"标签 4"两个标签。在页面中选中并修改"标签 1"到"标签 4"文本，并在"内容 1"到"内容 4"中添加相关内容。"Spry 折叠式"属性面板如图 10-15 所示，选择某个标签，在页面中就可以展开相关内容。制作好后的页面效果如图 10-16 所示。

图 10-15 "Spry 折叠式"属性面板

图 10-16 "Spry 折叠式"效果图

步骤 6 设置"Spry 折叠式"中内容的 CSS 样式，完成"便捷查询"内容的制作。

步骤 7 将光标定位到右侧 Right 层"国内特价机票"下的单元格中，使用【Spry 选项卡式面板】制作该栏目内容。在"Spry"浮动面板中，选择【Spry 选项卡式面板】选项，如图 10-17 所示，在页面指定位置插入【Spry 选项卡式面板】。

图 10-17 插入【Spry 选项卡式面板】

步骤 8 在页面中选中所插入的【Spry 选项卡式面板】，在属性面板中单击"+"按钮，添加若干新的标签，如图 10-18 所示。

图 10-18 【Spry 选项卡式面板】属性

步骤 9 在页面中用鼠标光标拖曳选择标签文字，将选项卡标题设置为主要城市名称，如图 10-19 所示。

图 10-19 设置选项卡标签文字

步骤 10 在属性面板中选择并显示某个选项卡，删除默认内容，在内容区域插入表格，并录入相关数据，如图 10-20 所示。

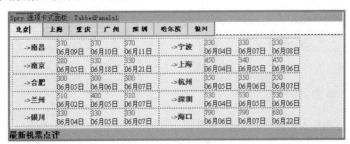

图 10-20 制作各选项卡的内容

步骤 11 为选项卡标签文字及面板内容设置 CSS 样式，完成"国内特价机票"栏目内容的制作。将页面保存，完成 jpyd.html 页面的制作。

10.3 知识链接

10.3.1 AP Div 概述

AP 元素（绝对定位元素）是分配有绝对位置的 HTML 页面元素，具体地说，就是 Div 标签或其他任何标签。AP 元素可以包含文本、图像或其他任何可放置到 HTML 文档正文中的内容。

通过 Dreamweaver，用户可以使用 AP 元素来设计页面的布局，可以将 AP 元素放置到其他 AP 元素的前后，隐藏某些 AP 元素而显示其他 AP 元素，以及在屏幕上移动 AP 元素。用户可以在一个 AP 元素中放置背景图像，然后在该 AP 元素的前面放置另一个包含带有透明背景的文本的 AP 元素。

　　AP 元素通常是绝对定位的 Div 标签。AP Div 是网页布局的一种方式，与表格布局相比，使用 AP Div 布局可以是使页面内容放置更加灵活，AP Div 和 CSS 结合还可以精简 HTML 代码，提高页面的显示速度。AP Div 具有可移动性，可以放置到页面中的任何一个位置。AP Div 可以重叠，还可以设置是否显示。在 AP Div 中还可以插入文本、图像等其他网页元素。

10.3.2　AP Div 的创建及属性设置

▶ 1．创建 AP Div

创建 AP Div 有两种方法。

（1）用菜单命令创建。在菜单栏中选择【插入】|【布局对象】|【AP Div】命令，即可在网页中插入一个 AP Div。

（2）用工具栏创建。在【插入】工具栏中，选择【布局】选项卡，单击"绘制 AP Div"按钮，如图 10-21 所示。此时，鼠标光标变为"+"形状，在编辑窗口拖曳鼠标光标即可绘制 AP Div，如图 10-22 所示。

图 10-21　单击"绘制 AP Div"按钮

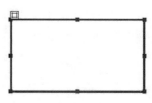

图 10-22　绘制 AP Div

▶ 2．创建嵌套 AP Div

和表格一样，AP Div 也可以进行嵌套。在某个 AP Div 内部创建的 AP Div 称为子 AP Div 或嵌套 AP Div。嵌套 AP Div 外部的 AP Div 称为父 AP Div。子 AP Div 可以浮动在父 AP Div 之外的任意位置，其大小不受父 AP Div 的限制。创建嵌套 AP Div 的方法是将鼠标光标定位到所需的 AP Div 内，然后再创建新的 AP Div 即可。

▶ 3．设置 AP Div 属性

AP Div 的属性设置可以通过属性面板来实现。

（1）单个 AP Div 的属性设置。单个 AP Div 的属性面板如图 10-23 所示。当选择要设置属性的某个 AP Div 后，在属性面板中就可以对该 AP Div 属性进行设置。

图 10-23　单个 AP Div 的属性面板

属性面板中各选项的功能如下。

● "CSS-P 元素"下拉列表框：为当前 AP Div 命名。

● "左"文本框：设置当前 AP Div 左边相对与页面左边或父 AP Div 左边的距离。

● "上"文本框：设置当前 AP Div 顶端相对于页面顶端或父 AP Div 顶端的距离。

● "宽"文本框：设置 AP Div 的宽度。

● "高"文本框：设置 AP Div 的高度。

● "Z 轴"文本框：设置 AP Div 的 Z 轴顺序，即 AP Div 在网页中的重叠顺序，值高的 AP Div 将位于值低的 AP Div 上方。

● "背景图像"文本框：设置 AP Div 的背景图像。单击右侧"浏览文件"按钮，在打开的【选择图像源文件】对话框中可以选择需要设置为背景的图像。

● "可见性"下拉列表框：设置 AP Div 的可见性。共有四种选项。其中，"default"表示默认设置，其可见性由浏览器决定，通常会继承该 AP Div 父 AP Div 的可见性；"inherit"表示继承该 AP Div 的父 AP Div 的可见性；"visible"表示该 AP Div 及其内容为显示；"hidden"表示隐藏该 AP Div 及其内容。

● "背景颜色"文本框：设置 AP Div 的背景颜色。

● "类"下拉列表框：选择 AP Div 的样式。

● "溢出"下拉列表框：选择当 AP Div 中的内容超出 AP Div 的范围后显示内容的方式。其中，"visible"表示自动向右或向下扩展 AP Div，使其能够容纳并显示其中的内容；"hidden"表示隐藏超出 AP Div 范围的内容，AP Div 大小保持不变，也不会出现滚动条；"scroll"表示无论 AP Div 中的内容是否超出 AP Div 的范围，在 AP Div 的右端和下端都会出现滚动条；"auto"表示当 AP Div 的内容超出 AP Div 范围时，才会在 AP Div 的右端或下端出现滚动条，AP Div 的大小保持不变，可以通过拖曳滚动条来查看内容。

● "剪辑"栏：设置 AP Div 的可见区域。"左"、"右"、"上"、"下"四个文本框分别用于设置 AP Div 在各个方向上的可见区域与 AP Div 边界的距离，以像素为单位。

（2）多个 AP Div 的属性设置。如果要对多个 AP Div 设置相同的属性，可以先按住"Shift"键，接着用鼠标依次单击选中这些 AP Div，然后在属性面板中进行设置。选择多个 AP Div 后的属性面板如图 10-24 所示。

图 10-24　多个 AP Div 的属性面板

多个 AP Div 的属性面板可以分为上下两部分，上部主要是设置 AP Div 中内容的样式，设置方法可以是 HTML 方式，也可以是 CSS 方式。下部属性与单个 AP Div 的属性面板基本相同，不同的是多了个"标签"下拉列表，该下拉列表中包括"DIV"和"SPAN"两个选项。Div 标签和 Span 标签的功能相似，不同之处在于 Span 是内联的，用在一小块的内联 HTML 中，而 Div 是块级元素，在默认情况下 Div 标签会独占一行（通过设置 CSS 样式也可以使多个 Div 标签位于同一行）。

10.3.3 AP Div 的基本操作

▶ **1．选择 AP Div**

（1）选择单个 AP Div。选择单个 AP Div 可以通过多种方法实现。

第一种是通过边框选中 AP Div，只需要用鼠标单击所需的 AP Div 边框即可选中该 AP Div，如图 10-25 所示。

第二种方法是在【AP 元素】面板中单击所需的 AP Div 的"ID"名称即可选中该 AP Div，如图 10-26 所示。

另外按住"Ctrl+Shift"组合键，然后用鼠标在 AP Div 内部单击，也可以选中该 AP Div。

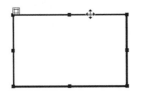

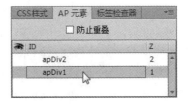

图 10-25　通过边框选择　　　　　　　图 10-26　通过面板选择

（2）选择多个 AP Div。选择多个 AP Div 可以通过以下两种方法实现。

一种是在【AP 元素】面板中，按住"Shift"键，然后单击两个或多个 AP 元素"ID"名称，如图 10-27 所示。

另一种是在文档窗口中，按住"Shift"键并在两个或多个 AP 元素的边框上（或边框内）单击鼠标，如图 10-28 所示。

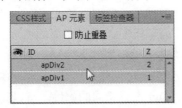

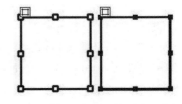

图 10-27　通过面板选择多个 AP Div　　　图 10-28　按住"Shift"键单击 AP Div 选择

▶ **2．调整 AP Div 的大小**

（1）调整单个 AP Div 的大小。首先在文档"设计"视图中选中要调整大小的 AP 元素，然后通过以下几种方式进行调整。

● 通过拖曳 AP Div 元素的任一调整大小手柄来调整大小。

● 按住"Ctrl"键，同时按方向键，每按一次 AP Div 的右边框或下边框会向相应方向调整 1 像素的大小。若按住"Shift+Ctrl"组合键，则每次调整 10 像素大小。

● 在属性面板的"宽"和"高"文本框中输入所需的宽度和高度值，再按"Enter"键进行调整。

（2）同时调整多个 AP Div 的大小。首先在文档"设计"视图中选中两个或多个 AP Div，然后通过以下两种方法调整大小。

● 选择【修改】|【排列顺序】|【设成宽度相同】或【修改】|【排列顺序】|【设成高度相同】菜单命令，最先选定的 AP 元素将与最后选定的一个 AP 元素的宽度或

高度一致。

● 选中多个 AP Div 后，在属性面板的"多个 CSS-P 元素"中的"宽"和"高"文本框中输入值，再按"Enter"键，所有选定的 AP Div 将设置为同样的宽度值和高度值。

3. 调整 AP Div 的位置

在 Dreamweaver 中，设计者可以根据 AP Div 灵活移动的特点，将其放置在网页的任何位置。操作方法是，选择要改变位置的 AP Div，将鼠标光标移动到边框上，当光标变为 ✛ 形状时，按住鼠标左键不放，拖曳鼠标光标，将 AP Div 移动到需要的位置上，释放鼠标光标，完成 AP Div 位置的调整。

4. 调整 AP Div 的层叠顺序

AP Div 可以重叠，要改变 AP Div 的上下排列顺序，可以调整 AP Div 的 Z 轴顺序值，Z 轴顺序值较大的 AP Div 将覆盖在 Z 轴顺序值较小的 AP Div 上方。设置 AP Div 的层叠顺序可以在【属性】面板或【AP 元素】面板中进行，也可以通过菜单命令来设置。

（1）在【属性】面板中调整层叠顺序。选择需要改变层叠顺序的 AP Div，在【属性】面板的"Z 轴"文本框中输入所需的数值，大于原数字将上移，小于原数字将下移，按"Enter"键确定，如图 10-29 所示。

图 10-29　在【属性】面板中调整层叠顺序

（2）在【AP 元素】面板中调整层叠顺序。打开【AP 元素】面板，鼠标左键双击要修改 Z 轴值的 AP 元素旁的 Z 轴数字，使其成为可编辑状态，再输入需要的数字，然后按"Enter"键，完成 AP 元素层叠顺序的修改，如图 10-30 所示。AP 元素是按照 Z 轴的顺序排列的，Z 轴上的数字越大，排列越靠近顶部，反之，Z 轴上的数字越小，排列越靠近底部。

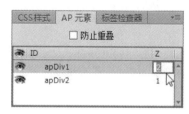

图 10-30　调整层叠顺序

（3）用菜单命令改变层叠顺序。选中要调整层叠顺序的 AP Div，选择【修改】|【排列顺序】|【移到最上层】或【移到最下层】命令，调整层叠顺序，如图 10-31 所示。

5. 改变 AP Div 的可见性

要改变 AP Div 的可见性，除了前面介绍的通过选择【属性】面板中的"可见性"下拉列表框设置外，还可以在【AP 元素】面板中设置，也可以通过快捷菜单设置。

在【AP 元素】面板中，通过鼠标单击改变 AP 元素左侧"眼睛"状态来调整 AP Div 的可见性，👁 或者空白，表示可见，👁 则表示隐藏，如图 10-32 所示。

将鼠标光标移到 AP Div 的边框上，单击鼠标右键，在弹出快捷菜单中选择【可视性】，然后可以通过【可见】或【隐藏】等菜单命令调整 AP Div 的可视性，如图 10-33 所示。

图 10-31　使用菜单命令改变层叠顺序

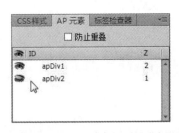

图 10-32　在【AP 元素】面板进行调整

图 10-33　通过快捷菜单进行调整

▶6. 对齐 AP Div

在 Dreamweaver 中可以很方便地将多个 AP Div 进行左对齐、右对齐、对齐上边缘或对齐下边缘，方法是首先选中要对齐的两个或多 AP Div，然后选择【修改】|【排列顺序】命令中的相应子命令即可。

10.3.4　AP Div 与表格的相互转换

Dreamweaver 允许 Web 设计者先使用 AP Div 创建网页布局，然后再将它们转化为表格。另外 IE4.0 以下版本的浏览器不支持 AP Div，如果要支持 IE4.0 以前的浏览器，就需要将 AP Div 转换为表格。Dreamweaver 提供了便捷的 AP Div 与表格之间的相互转换方法，以便设计者调整布局并优化页面设计。

▶1. 将 AP Div 转换为表格

将 AP Div 转换为表格的步骤如下。

步骤 1　新建 HTML 文档，在文档编辑区域中插入 AP Div，如图 10-34 所示。

图 10-34　待转换为表格的 AP Div 内容

步骤 2　在菜单栏中选择【修改】|【转换】|【将 AP Div 转换为表格】命令，打开如图 10-35 所示的【将 AP Div 转换为表格】对话框，在该对话框中设置"表格布局"属性及"布局工具"属性，单击"确定"按钮，完成 AP Div 到表格的转换，如图 10-36 所示。

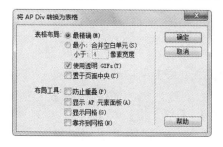

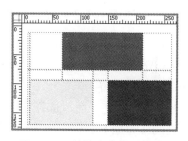

图 10-35　【将 AP Div 转换为表格】对话框

图 10-36　转换为表格后的效果

2. 将表格转换为 AP Div

将表格转换为 AP Div 的步骤如下。

步骤 1　在编辑窗口中打开要将 AP Div 转换为表格的网页。这里将图 10-36 所示的表格布局页面再转换为 AP Div 布局。

步骤 2　在菜单栏中选择【修改】|【转换】|【将表格转换为 AP Div】命令，打开【将表格转换为 AP Div】对话框，设置"布局工具"属性，如图 10-37 所示。单击"确定"按钮，完成表格到 AP Div 的转换，转换后的效果与图 10-34 所示效果一样。

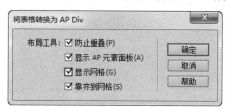

图 10-37　【将表格转换为 AP Div】对话框

10.3.5 使用 Div+CSS 布局网页

1. 认识 Div+CSS 布局

Div+CSS 是网站标准（或称"Web 标准"）中常用术语之一，Div+CSS 是一种网页的布局方法，这一种网页布局方法有别于传统的 HTML 网页设计语言中的表格（table）定位方式，实现了内容与表现相分离。在 XHTML 网站设计标准中，不再使用表格定位技术，而是采用 Div+CSS 的方法实现各种定位。

Div 元素是用来为 HTML 文档内大块（block-level）的内容提供结构和背景的元素。Div 的起始标签和结束标签之间的所有内容都是用来构成这个块的，其中所包含元素的特性由 Div 标签的属性来控制，或者是通过使用样式表格式化该块来进行控制。

在使用 Div+CSS 网页布局的过程中，真正起定位作用的不是 Div 标签，而是 CSS 代码，Div 只是一个区域标签，本身不能定位和布局。可以将 Div 块放置在页面上的任意位置，并用 CSS 为它们指定属性，如宽度、高度、边框、边距、背景颜色及对齐方式等。

使用 Div+CSS 布局，用 Div 来代替表格，减少了页面代码量，提高了页面布局的灵活性，也为页面的维护提供了便利。

在使用 Div+CSS 布局时，可以使用 AP Div，也可以直接使用 Div 标签，AP Div 本身是一个包含绝对位置（即设置 Div 标签的 position 属性为 absolute）的 Div 标签。

▶2. 使用 AP Div 进行布局

使用 AP Div 进行网页布局可以简单总结为三个步骤：首先绘制 AP Div 进行大致布局，然后定义 CSS 对 AP 元素的属性进行设置，最后在 AP Div 内部插入相应网页内容并对其进行样式设置。

步骤 1 新建页面，选择【插入】|【布局对象】|【AP Div】菜单命令，或者在【插入】栏的【布局】面板中中选择"绘制 AP Div"选项，在网页中插入所需要的 AP Div，然后调整 AP Div 的位置和大小，布局出页面的大致内容，如图 10-38 所示。

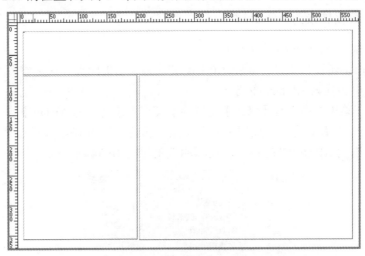

图 10-38　插入 AP Div

步骤 2 选择单个 AP Div，在【属性】面板中修改 AP 元素的 ID 名称，根据 AP Div 所在的位置，分别命名为"Top"、"Left"、"Right"。

步骤 3 插入 AP Div 后，在【CSS 样式】面板中，单击"全部"按钮，显示"所有规则"，如图 10-39 所示。鼠标选择相应的 AP Div，在下方的属性列表中就可以设置该 AP Div 的 CSS 样式。也可以双击该样式名称，打开【CSS 规则定义】窗口，对该 AP Div 的样式进行定义，如图 10-40 所示。这里分别设置"#Top"、"#Left"、"#Right"的背景颜色。

图 10-39　设置 CSS 样式　　　　　　　　　图 10-40　定义 CSS 规则

步骤 4　在 AP Div 内部插入内容，保存网页，完成 AP Div 布局，效果如图 10-41 所示。

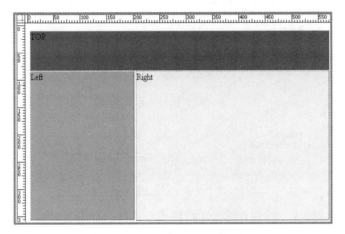

图 10-41　AP Div 布局效果图

提示：

将编辑文档切换到代码视图，可以在<style></style>中对 AP Div 的样式进行重新编辑。在本项目开始讲解的"酒店机票"栏目页面制作时，是将 Div 的样式定义到外部样式表文件中，而将<style></style>里的样式删除，避免样式重复定义。使用附加样式表可以保证站点页面风格的统一，便于页面的维护。

▶ 3. 使用 Div 标签布局

AP Div 与 Div 没有本质的区别，只是 AP Div 设置了 position 属性为 absolute。使用 Div 标签布局时，不能像 AP Div 那样直接在页面中绘制布局。这里采用 Div 标签来制作图 10-41 所示的网页布局效果。

步骤 1　新建 HTML 文档，在编辑窗口打开该文档。

步骤 2　在【插入】工具栏中打开【布局】面板，单击"插入 Div 标签"按钮，或者选择【插入】|【布局对象】|【Div 标签】菜单命令，打开【插入 Div 标签】对话框，如图 10-42 所示。

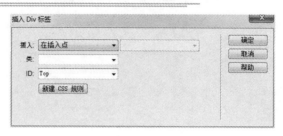

图 10-42 【插入 Div 标签】对话框

步骤 3 在【插入 Div 标签】对话框中的"插入"下拉列表框中选择"在插入点"项，在"ID"下拉列表框中输入名称"Top"。单击"新建 CSS 规则"按钮，打开【新建 CSS 规则】对话框，如图 10-43 所示。在"规则定义"下拉列表框中选择"（新建样式表文件）"项，将 CSS 样式定义在外部样式表文件中。

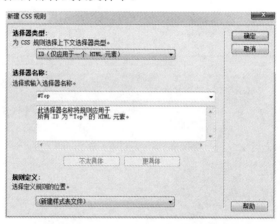

图 10-43 【新建 CSS 规则】对话框

步骤 4 单击"确定"按钮，打开【将样式表文件另存为】对话框，输入文件名，如 divstyle.css，将 CSS 文件保存在站点文件夹中。

步骤 5 单击"保存"按钮，打开【#Top 的 CSS 规则定义】对话框，在"背景"分类中设置背景颜色为"#00F"，在"方框"分类中设置宽度和高度，如图 10-44 所示。

图 10-44 设置"#Top"样式

步骤 6 单击"确定"按钮，回到【插入 Div 标签】对话窗口，再单击"确定"按钮，完成"Top"Div 的创建和样式设置。

步骤7 按照"步骤2"的操作方法,再插入一个 Div 标签,在【插入 Div 标签】对话框中设置"插入"为"在标签之后",并选择"<div id= "Top">"标签。在"ID"文本框中输入"Left",如图 10-45 所示。

图 10-45　插入"Left" Div 标签

步骤8 单击"新建 CSS 规则"按钮,打开【新建 CSS 规则】对话框,在"规则定义"下拉列表框中选择已经保存的 CSS 样式表文件,如图 10-46 所示。

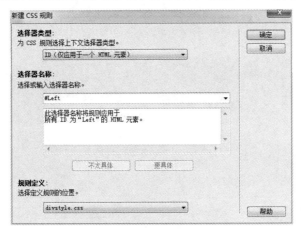

图 10-46　【新建 CSS 规则】对话框

步骤9 单击"确定"按钮,打开【#Left 的 CSS 规则定义】对话框,在"背景"分类中设置背景颜色为"#FC0",在"方框"分类中设置 Width、Height、Float 和 Clear 等属性,如图 10-47 所示。

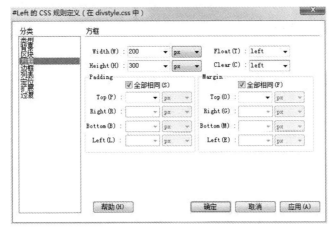

图 10-47　【#Left 的 CSS 规则定义】对话框

步骤 10　单击"确定"按钮，回到【插入 Div 标签】对话窗口，再单击"确定"按钮，完成"Left"Div 的创建和样式设置。

步骤 11　与插入"Left"Div 方法相同，在右侧再插入"Right"Div。在【插入 Div 标签】对话框中的设置如图 10-48 所示。在【#Right 的 CSS 规则定义】对话框中，在"背景"分类中设置背景颜色为"#FF9"，并且对 Width、Height、Float 和 Clear 属性设置，如图 10-49 所示。

图 10-48　插入"Right"Div 标签

图 10-49　【#Right 的 CSS 规则定义】对话框

步骤 12　完成 Div 标签的插入以及 CSS 样式的定义后，页面效果如图 10-50 所示，将 Div 标签内的文本删除，再插入所需要的内容，完成 Div 布局。

图 10-50　使用 Div 标签布局效果

提示：

初学者可以通过上面介绍的步骤来练习 Div+CSS 的布局方法，当熟练掌握 CSS 和 AP 元素后，可以在"代码"视图中直接编写 Div 布局的 HTML 代码以及 CSS 样式代码，这样会使页面的设计制作更加灵活自如。

10.3.6　Spry 框架

Spry 框架是一个 JavaScript 库，Web 设计人员使用它可以构建能够向站点访问者提供更丰富体验的 Web 页。有了 Spry，就可以使用 HTML、CSS 和极少量的 JavaScript 将 XML 数据合并到 HTML 文档中，创建构件（如折叠构件和菜单栏），向各种页面元素中添加不同种类的效果。

Spry 框架支持一组用标准 HTML、CSS 和 JavaScript 编写的可重用构件。用户可以方便地插入这些构件（采用最简单的 HTML 和 CSS 代码），然后设置构件的样式。框架行为包括允许用户执行下列操作的功能：显示或隐藏页面上的内容、更改页面的外观（如颜色）、与菜单项交互等等。

Spry 框架中的每个构件都与唯一的 CSS 和 JavaScript 文件相关联。CSS 文件中包含设置构件样式所需的全部信息，而 JavaScript 文件则赋予构件功能。当用户使用 Dreamweaver 界面插入构件时，Dreamweaver 会自动将这些文件链接到用户的页面，以便构件中包含该页面的功能和样式。

与给定构件相关联的 CSS 和 JavaScript 文件根据该构件命名，因此，用户很容易判断哪些文件对应于哪些构件。（例如，与折叠构件关联的文件称为 SpryAccordion.css 和 SpryAccordion.js）。当在已保存的页面中插入构件时，Dreamweaver 会在用户的站点中创建一个 SpryAssets 目录，并将相应的 JavaScript 和 CSS 文件保存到其中。

在【插入】工具栏中打开"布局"面板，可以看到"Spry 菜单栏"、"Spry 选项卡式面板"、"Spry 折叠式"和"Spry 可折叠面板"四个常用构件，如图 10-51 所示。另外在【插入】工具栏的"Spry"面板中，可以找到 Dreamweaver 所包含的全部 Spry 构件，如图 10-52 所示。

图 10-51　"布局"面板中的 Spry 构件

图 10-52　"Spry"面板

▶1. 使用 Spry 菜单栏

菜单栏构件是一组可导航的菜单按钮，当站点访问者将鼠标悬停在其中的某个按钮上时，将显示相应的子菜单。使用菜单栏可在紧凑的空间中显示大量可导航信息，并使站点访问者无须深入浏览站点即可了解站点上提供的内容。Dreamweaver 中可以插入两种菜单栏构件：垂直构件和水平构件。使用 Spry 菜单栏步骤如下。

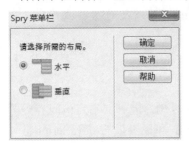

图 10-53　选择菜单栏布局

步骤 1　在编辑页面中将光标放在需要插入"Spry 菜单栏"的位置，在【插入】面板中单击"Spry 菜单栏"按钮，或者选择【插入】|【布局对象】|【Spry 菜单栏】菜单命令。在弹出的【Spry 菜单栏】对话框中选择"水平"单选按钮，如图 10-53 所示。

步骤 2　单击"确定"按钮，插入 Spry 菜单栏。选中 Spry 菜单栏，在【属性】面板中可以添加或删除菜单项以及子菜单项，选中相应项目，在右侧文本框中可以设置菜单显示文本以及超级链接。如图 10-54 所示。

图 10-54　编辑 Spry 菜单栏

步骤 3　按"Ctrl+S"组合键保存页面，在弹出的如图 10-55 所示的【复制相关文件】对话框中单击"确定"按钮，保存 Spry 菜单栏所需的图片、js 脚本文件以及 CSS 样式表文件。

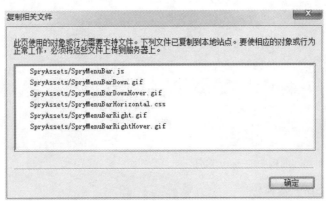

图 10-55　复制相关文件

步骤 4　将文档切换到"实时视图"，查看页面效果，如图 10-56 所示。

图 10-56　Spry 菜单栏效果

2. 使用 Spry 选项卡式面板

选项卡式面板构件是一组面板，用来将内容存储到紧凑空间中。站点访问者可通过单击要访问的面板上的选项卡来隐藏或显示存储在选项卡式面板中的内容。当访问者单击不同的选项卡时，构件的面板会相应打开。在给定时间内，选项卡式面板构件中只有一个内容面板处于打开状态。在网页中插入 Spry 选项卡式面板的步骤如下。

步骤1　在编辑页面中，将光标置于需要插入"Spry 选项卡式面板"的位置，在【插入】面板中单击"Spry 选项卡式面板"按钮，或者选择【插入】|【布局对象】|【Spry 选项卡式面板】菜单命令，插入 Spry 选项卡式面板，如图 10-57 所示。

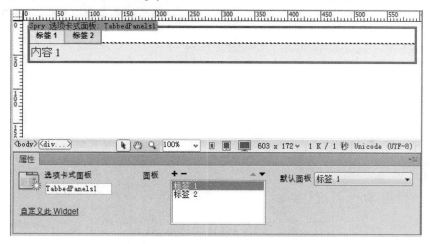

图 10-57　插入 Spry 选项卡式面板

步骤2　选择 Spry 选项卡式面板，在【属性】面板中可以添加或删除面板，调整面板顺序以及设置默认面板。在"面板"列表框中选中某个面板后在编辑区可以对该面板标题及面板内容进行设置。

步骤3　将文档切换到"实时视图"，查看页面效果，如图 10-58 所示。当鼠标单击某个标签时，就会切换到相应面板并显示内容。

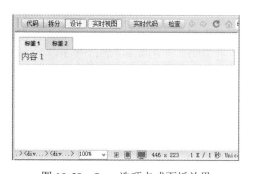

图 10-58　Spry 选项卡式面板效果

3. 使用 Spry 折叠式

折叠构件是一组可折叠的面板，可以将大量内容存储在一个紧凑的空间中。站点访问者可通过单击该面板上的选项卡来隐藏或显示存储在折叠构件中的内容。当访问者单击不同的选项卡时，折叠构件的面板会相应地展开或收缩。在折叠构件中，每次只能有一个内容面板处于打开且可见的状态。在网页中插入折叠构件的步骤如下。

步骤 1 在编辑页面中，将光标置于需要插入"Spry 折叠式"的位置，在【插入】面板中单击"Spry 折叠式"按钮，或者选择【插入】|【布局对象】|【Spry 折叠式】菜单命令，插入 Spry 折叠式，如图 10-59 所示。

步骤 2 选中 Spry 折叠式，在【属性】面板中可以添加或删除面板，还可以改变面板标签顺序。在"面板"列表框中选中某个标签后，在文档编辑窗口中可以对该标签文本以及面板内容进行设置。

步骤 3 将文档切换到"实时视图"，查看页面效果，如图 10-60 所示。当鼠标单击某个标签时，就会展开该面板，同时缩进其他面板。

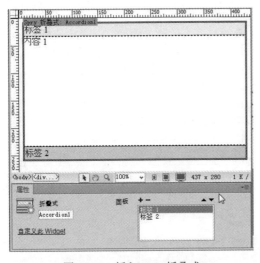

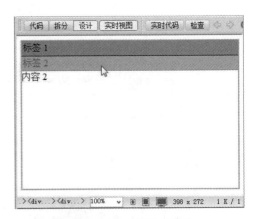

图 10-59　插入 Spry 折叠式　　　　　　图 10-60　Spry 折叠式效果

▶ 4. 使用 Spry 可折叠面板

可折叠面板构件是一个面板，可将内容存储到紧凑的空间中。用户单击构件的选项卡即可隐藏或显示存储在可折叠面板中的内容。插入可折叠面板的步骤如下。

步骤 1 在编辑页面中，将光标置于需要插入"Spry 可折叠面板"的位置，在【插入】面板中单击"Spry 可折叠面板"按钮，或者选择【插入】|【布局对象】|【Spry 可折叠面板】菜单命令，插入 Spry 可折叠面板，如图 10-61 所示。

步骤 2 选中 Spry 可折叠面板，在【属性】面板中设置"显示"及"默认状态"等属性。在文档编辑窗口中对于面板可以针对该面板的标签文本以及内容进行编辑。

步骤 3 将文档切换到"实时视图"，查看页面效果，如图 10-62 所示。当鼠标单击标签时，面板内容就会显示或隐藏。

提示：

尽管使用属性检查器可以简化对 Spry 构件的编辑，但是属性检查器并不支持自定义的样式设置任务。读者可以修改 Spry 构件的 CSS，并创建根据自己的喜好设置样式的 Spry 构件。

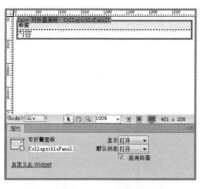

图 10-61　插入 Spry 可折叠面板

图 10-62　Spry 可折叠面板效果

10.3.7　行为的基础知识

1. 行为的概念

行为是用来动态响应用户操作、改变当前页面效果或是执行特定任务的一种方法。行为是由对象、事件和动作构成。

对象是产生行为的主体，大部分网页元素都可以称为对象，比如图片、文本、多媒体等，甚至整个页面。

事件是触发动作的原因，可以被附加到各种页面元素上，也可以被附加到 HTML 标记中。一个事件总是针对网页元素或标记而言的，例如：将鼠标移到图片上（onMouseOver 事件）、把鼠标放在图片之外（onMouseOut 事件）、单击鼠标（onClick 事件）等等。不同的浏览器支持的事件种类和多少是不一样的，通常高版本的浏览器支持更多的事件。

动作是最终产生的动态效果，如弹出信息、播放声音、翻转图片等。行为通过动作来完成动态效果。

行为是一种运行在浏览器中的 JavaScript 代码，是事件和动作的组合，因为其功能强大，而受到网页设计者的青睐。在 Dreamweaver 中使用 Dreamweaver 提供的"行为"机制，不需要编写 JavaScript 代码，在可视化环境中按几个按钮，填写几个选项就可以实现丰富的动态页面效果，实现用户与网页的简单交互。

2. 【行为】面板

使用【行为】面板可以为网页元素指定动作和事件。通过执行【窗口】|【行为】菜单命令，或者按"Shift+F4"组合键，即可打开【行为】面板，如图 10-63 所示。【行为】面板中，各按钮作用如下。

≡≡ 按钮：显示当前文档中设置的事件。

≡≡ 按钮：显示相应类别的所有事件。

+. 按钮：用于打开行为下拉菜单，显示和选择可以添加的行为。

– 按钮：用于删除列表中选择的事件。

▲ 和 ▼ 按钮：当行为中有多个事件时，使用这两个按钮来更改事件的顺序。

3. Dreamweaver 的内置行为

在【行为】面板中，单击"添加行为"按钮 +. 打开下拉菜单，如图 10-64 所示，该下拉菜单中列出了 Dreamweaver CS6 中内置的几个行为。内置行为的作用及效果说明如下。

图 10-63 【行为】面板　　　　　　　　　　图 10-64 　内置行为

（1）交换图像：可以实现图像感应鼠标的效果。当鼠标移动到图片上时，变成另一张图；当鼠标移出时，又恢复为原来的图片。

（2）弹出信息：该行为用于显示一个指定的提示信息框。弹出信息框实际调用的是 JavaScript 的 alert()方法。该提示信息是提供给浏览者信息的，浏览者不能做出选择，也不能控制信息框的外观，只有一个"确定"按钮，其外观取决于浏览器属性。

（3）打开浏览器窗口：用于弹出新的网页，用户可以设置弹出的新网页的大小和外观。它实际上是调用 JavaScript 中的 window.open()方法。

（4）拖动 AP 元素：使 AP Div 在网页中的位置不再固定不变，浏览者可以通过鼠标拖动来移动 AP Div。

（5）改变属性：用于改变网页元素的属性值。

（6）效果：用于设置目标元素的动态效果，如放大和缩小变换、显示与隐藏切换、晃动、滑动、遮帘、颜色过渡等效果。

（7）显示-隐藏元素：用于改变一个或多个元素的可见性。

（8）检查插件：用于检查访问者的电脑中是否安装了特定的插件，根据检查结果显示不同的页面，如浏览者电脑中安装了 Flash 插件，就显示有 Flash 的页面，如果没有安装，就显示没有 Flash 的页面。

（9）检查表单：检测用户填写的表单内容是否符合预先设定的规范，以确保用户输入了正确的数据类型。

（10）设置文本：用于设置容器元素（如 div）、文本域、框架页面、状态栏中的文本内容。

（11）调用 JavaScript：用于执行【行为】面板中某个特定事件时调用自己编写的 JavaScript 代码、函数。

（12）跳转菜单：用于修改已经创建好的跳转菜单。如果网页中有很多链接不需要直接显示在页面上，可以通过【插入】|【表单】|【跳转菜单】来创建下拉跳转菜单，用户选择下拉菜单中的选项后，页面会自动跳转到设置的网页。

（13）跳转菜单开始：如果在创建跳转菜单时，在菜单之后插入了"前往"按钮，可以使用"跳转菜单开始"功能把"前往"按钮和一个"跳转菜单"行为关联起来。

（14）转到 URL：该行为可在当前窗口或指定框架内打开一个新的页面。

（15）预先载入图像：让网页将图片预先载入到浏览器的缓存中，当页面需要显示这些图片时，用户不用等待图片下载，避免出现延迟。

10.3.8 附加行为

下面通过 3 个内置行为的使用案例，讲解为 AP Div 元素附加行为的方法。

▶ 1. 拖动 AP 元素

通过【插入】工具栏的【布局】选项卡，在网页中绘制一个 AP Div 元素。在【行为】面板中单击 ✚ 按钮，在弹出的下拉菜单中选择"拖动 AP 元素"选项，弹出如图 10-65 所示的对话窗口，在对话窗口中选择要设置的 AP 元素，并设置移动范围，单击"确定"按钮完成 AP Div 的拖动设置。切换到"实时视图"，用户可以测试通过鼠标拖动来改变该 AP Div 元素的位置。AP Div 中可以插入文本、图片、表格等内容，一个页面可以为多个 AP Div 设置拖动效果，读者可以进一步拓展出一些有趣的应用。

图 10-65　拖动 AP 元素设置

▶ 2. 显示-隐藏元素

在网页文档中绘制左右相邻的两个 AP Div 元素，调整大小并添加文本内容，如图 10-66 所示。左侧元素 ID 为 apDiv1，右侧元素 ID 为 apDiv2。在【AP 元素】面板中隐藏 apDiv2，如图 10-67 所示。

图 10-66　绘制 AP Div

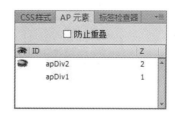

图 10-67　隐藏 apDiv2

选择左侧 apDiv1，在【行为】面板中单击"添加行为"按钮 ✚，添加"显示-隐藏元素"行为，在弹出的【显示-隐藏元素】对话窗口中，将 apDiv1 和 apDiv2 均设置为"显示"，如图 10-68 所示。单击"确定"按钮后，在【行为】面板中，将事件设置为 onMouseOver，如图10-69所示。

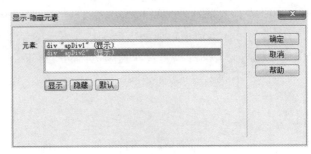

图10-68　显示-隐藏元素

在【AP元素】面板中选中apDiv2，按照上面的方法为apDiv2添加两个"显示-隐藏元素"行为。当事件为onMouseOver时，apDive1和apDiv2均显示，当事件为onMouseOut时，apDiv1显示，apDiv2隐藏，如图10-70所示。

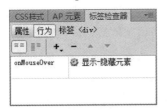

图10-69　apDiv1的行为　　　　　　　　　图10-70　apDiv2的行为

切换到"实时视图"，页面中首先只显示apDiv1元素。当鼠标移动到apDiv1时，右侧apDiv2显示。将鼠标移动到apDiv2上时，apDiv2仍然显示。将鼠标从apDiv2元素上移出后，apDiv2隐藏消失。

3. 增大/收缩效果

在页面文档"设计"视图中，绘制一个AP Div，其ID设置为apDiv1。选中apDiv1，在【行为】面板中单击"添加行为"按钮 +，在弹出的下拉菜单中选择【效果】|【增大/收缩】菜单项，在弹出的【增大/收缩】对话窗口中设置增大效果参数，如图10-71所示。单击"确定"按钮后，将事件设置为onMouseOver。

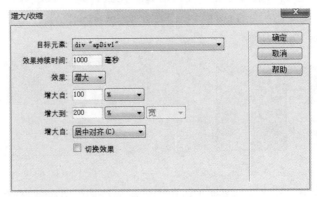

图10-71　设置增大效果参数

用同样方法，为apDiv1再添加一个"增大/收缩"效果，在【增大/收缩】对话窗口中设置收缩效果参数，如图10-72所示。单击"确定"按钮后，将事件设置为onMouseOut。

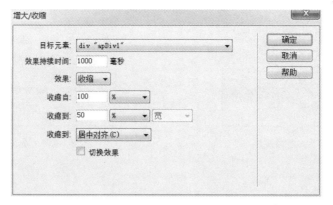

图 10-72　设置收缩效果参数

设置完毕后，切换到"实时视图"测试并观察效果。当鼠标放在 apDiv1 上面时，元素逐渐增大，当鼠标移出 apDiv1 时，元素逐渐收缩还原。

10.3.9　管理行为

▶1．修改行为参数

添加行为后，如果要修改行为的参数设置，可以在【行为】面板里的"显示设置事件"列表中，用鼠标双击行为名称，如图 10-73 所示，即可打开对应行为参数设置对话窗口，参数修改完毕后单击"确定"按钮结束修改。要修改触发动作的事件，可以将鼠标移动到事件上，单击鼠标左键，打开下拉列表，选择要修改的事件，如图 10-74 所示。

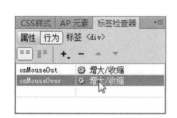

图 10-73　打开参数设置窗口

图 10-74　修改事件

▶2．行为的排序

当同一事件出现几个行为时，选择其中的一个行为，在【行为】面板中单击"增加事件值"或者"降低事件值"按钮，可以向上或者向下移动该行为。同一事件的几个行为的排列顺序决定了文档中对象行为的执行顺序。排在上面的先执行，排在下面的后执行。如图 10-75 所示。

▶3．删除行为事件

在【行为】面板中选中不需要的行为，再单击按钮 **－**，即可删除该事件及行为，如图 10-76 所示。

图 10-75　行为排序

图 10-76　删除行为

10.4　总结提升

本项目以"乐途网"的"酒店机票"栏目网页制作为例，介绍了 AP Div 的基本操作、Div+CSS 布局的方法、Spry 框架的使用以及行为的基本操作。采用 Div+CSS 布局将设计部分剥离出来放在一个独立样式文件中，HTML 文件中只存放文本信息，实现了网页表现和内容的分离，设计者只要简单的修改几个 CSS 文件就可以重新设计整个网站的页面，易于维护和改版。在网页制作中，设计者还可以根据需要适当添加一些行为效果以提高网页的交互性和生动性。

10.5　拓展训练

一、填空题

1．选择单个 AP Div 时，需按住＿＿＿＿＿键在要选择的 AP Div 中单击鼠标左键。选择多个 AP Div 时，需按住＿＿＿＿＿键后依次在需要的选择的 AP Div 中或 AP Div 边框上单击鼠标左键。

2．在【AP 元素】面板上有一个＿＿＿＿＿＿＿＿属性，选中后，页面中的 AP Div 就无法重叠了。

3．＿＿＿＿＿＿＿＿是一个可用来构建更加丰富的 Web 页的 JavaScript 库。

4．在 Dreamweaver CS6 中，打开【行为】面板的快捷键是＿＿＿＿＿＿＿＿＿。

二、简述题

1．AP Div 有哪些属性？如何修改？

2．使用 Div+CSS 布局有哪些优点？

3．Spry 框架中常用的构件有哪些？如何使用？

4．什么是行为？Dreamweaver 中包括了哪些常用的行为？

三、实践题

1．使用 Div+CSS 布局制作如图 10-77 所示的网页。

图 10-77　网页效果

参考布局代码：

```
<div id="container">
    <div id="Header">
        <div id="Menu">
            <ul>
                <li><a href="#">首页</a></li>
                <li class="menuDiv"></li>
                <li><a href="#">学校简介</a></li>
                <li class="menuDiv"></li>
                <li><a href="#">系部结构</a></li>
                <li class="menuDiv"></li>
                <li><a href="#">学校新闻</a></li>
                <li class="menuDiv"></li>
                <li><a href="#">招生就业</a></li>
                <li class="menuDiv"></li>
                <li><a href="#">精品课程</a></li>
                <li class="menuDiv"></li>
                <li><a href="#">教务管理</a></li>
            </ul>
        </div>
    </div>
    <div id="PageBody">
        <div id="Left"></div>
        <div id="Right"></div>
    </div>
    <div id="Footer"></div>
</div>
```

2. 使用 Div+CSS 布局制作"乐淘网"的"限时蜂抢"栏目页面，如图 10-78 所示。
操作提示：

① 打开"letaoweb"站点，新建"限时蜂抢"栏目页面 limitbuy.html。

② 规划 limitbuy.html 页面的 Div 布局结构。

③ 按照布局规划，创建 Div。

④ 新建 style.css 文件，定义 CSS 样式对 Div 元素进行格式化。

⑤ 在 Div 中插入表格、文本、图像等其他网页元素，组织页面内容。

⑥ 将 mycss.css 文件附加到"限时蜂抢"栏目页面中，并设置表格、文本等对象的 CSS 样式。

⑦ 插入【Spry 选项卡式面板】，参照图 10-78 所示效果，设置面板标题和内容。

⑧ 保存页面，按"F12"键在浏览器中预览效果。

图 10-78 "限时蜂抢"页面效果

项 目 11

实现交互功能——表单的应用

知识要点

★ 认识表单及表单元素
★ 掌握创建表单及表单元素的方法
★ 掌握表单元素属性的设置

11.1 网页展示：在"餐饮美食"页面中使用表单

表单是浏览网页的用户与网站管理者进行交流的主要窗口，表单内有多种与用户交互的表单元素。本项目在"乐途网"的"餐饮美食"栏目中创建了表单，网页效果如图 11-1 所示。

图 11-1 "餐饮美食"页面效果

单击"餐厅预订"右侧"会员注册"超级链接，显示"会员注册"页面内容，在此页面中使用了文本框、密码域、复选框、文本域和提交、重置按钮等表单元素，网页效果如图 11-2 所示。

图 11-2　"会员注册"页面效果

11.2　网页制作

运用以前各项目知识制作"餐饮美食"页面，具体方法这里不再赘述。以下主要介绍"会员注册"页面表单的制作方法。

11.2.1　在"会员注册"页面插入表单

步骤 1　启动 Dreamweaver CS6，在"乐途网"站点中，执行【文件】|【新建】命令，打开【新建文档】对话框并新建网页 yhzc.html。

步骤 2　选择【插入】面板中【常用】|【表格】选项，绘制表格布局页面，并输入文本、页面顶部 LOGO 等，并在表格的空白单元格中定位光标，如图 11-3 所示。

步骤 3　执行【插入】|【表单】|【表单】菜单命令，在光标所在的单元格处显示一个红色虚线方框，即为表单，如图 11-4 所示。

图 11-3　定位光标

图 11-4　插入"表单"

步骤 4　将光标定位在表单中，执行【插入】|【表格】菜单命令，弹出【表格】对话框，属性设置如图 11-5 所示，单击"确定"按钮插入表格，对表单进行布局。

步骤 5　合并单元格，并在表格中输入相应文本、图片，并设置 CSS 样式，效果如图 11-6 所示。

图 11-5　【表格】对话框

图 11-6　使用表格布局表单

11.2.2　插入文本框

步骤 1　将光标定位于表单第 1 行第 2 列处，执行【插入】|【表单】|【文本域】菜单命令，弹出【输入标签辅助功能属性】对话框，如图 11-7 所示，单击"确定"按钮，即可插入文本域。

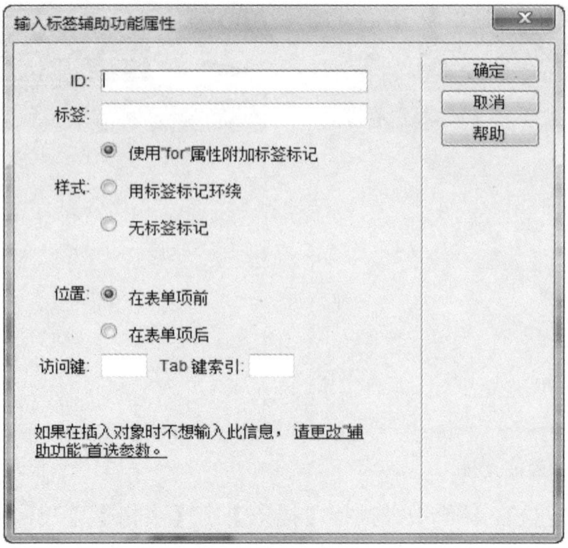

图 11-7 【输入标签辅助功能属性】对话框

步骤 2 选中所插入的文本域，在【文本域】属性面板中，将类型设置为"单行"，其他参数使用默认值即可，如图 11-8 所示。

222

图 11-8 设置"文本域"属性

步骤3 分别在表单的第7、9、13 行的第2列处插入相同的文本域，插入效果如图 11-9 所示。

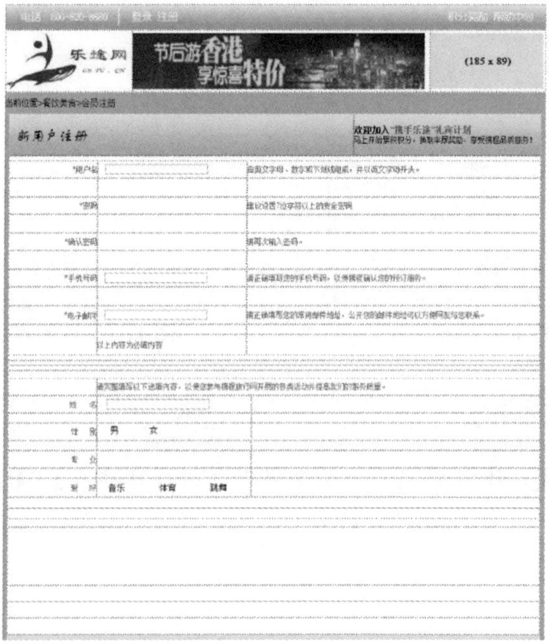

图 11-9 插入"文本域"

11.2.3 插入密码域

步骤 1 将光标定位于表单第 3 行第 2 列处，执行【插入】|【表单】|【文本域】命令，弹出【输入标签辅助功能属性】对话框，单击"确定"按钮，插入一个文本域。

步骤 2 选中所插入的文本域，在【文本域】属性面板中，将类型设置为"密码"，其他参数使用默认值，如图 11-10 所示，即可插入一个密码域。

图 11-10 设置"密码域"属性

步骤 3 在表单第 5 行第 2 列处，插入相同的密码或，插入效果如图 11-11 所示。

图 11-11 插入"密码域"

11.2.4 插入单选框

步骤 1 将光标定位于表单第 15 行第 2 列"男"文本之后，执行【插入】|【表单】|【单选框】命令，弹出【输入标签辅助功能属性】对话框，单击"确定"按钮，即可插入单选框。

步骤 2 选中所插入的单选框，在【单选框】属性面板中，将初始状态设置为"已勾选"，如图 11-12 所示。

图 11-12　设置"单选框"属性

步骤 3　将光标定位于表单第 15 行第 2 列"女"文本之后，插入相同的单选框，将初始状态设置为"未选中"，插入效果如图 11-13 所示。

图 11-13　插入"单选框"

11.2.5　插入列表菜单

步骤 1　将光标定位于表单第 17 行第 2 列，执行【插入】|【表单】|【列表／菜单】命令，弹出【输入标签辅助功能属性】对话框，单击"确定"按钮，即可插入下拉菜单。

步骤 2　选中所插入的下拉菜单，在【列表／菜单】属性面板中选择"菜单"类型，并单击"列表值"按钮 列表值... 。

步骤 3　在弹出的【列表值】对话框中输入"项目标签"分别为：计算机平面设计、电子商务、动漫游戏，如图 11-14 所示。

图 11-14　【列表值】对话框

步骤4 单击"确定"按钮，效果如图 11-15 所示。

图 11-15 插入"列表／菜单"

11.2.6 插入复选框

步骤1 将光标定位于表单第 19 行第 2 列"音乐"文本后，执行【插入】|【表单】|【复选框】命令，弹出【输入标签辅助功能属性】对话框，单击"确定"按钮，即可插入复选框。

步骤2 选中所插入的复选框，在【复选框】属性面板中，将初始状态设置为"未选中"，如图 11-16 所示。

图 11-16 设置"复选框"属性

步骤3 将光标定位于表单第 15 行第 2 列"体育"、"跳舞"文本之后，插入相同的复选框，将初始状态设置为"未选中"，插入效果如图 11-17 所示。

11.2.7 插入文本区域

步骤1 将光标定位于表单第 20 行，执行【插入】|【表单】|【文本区域】命令，弹出【输入标签辅助功能属性】对话框，单击"确定"按钮，插入文本区域。

步骤2 选中所插入的文本区域，在【文本域】属性面板中设置参数，如图 11-18 所示，插入效果如图 11-19 所示。

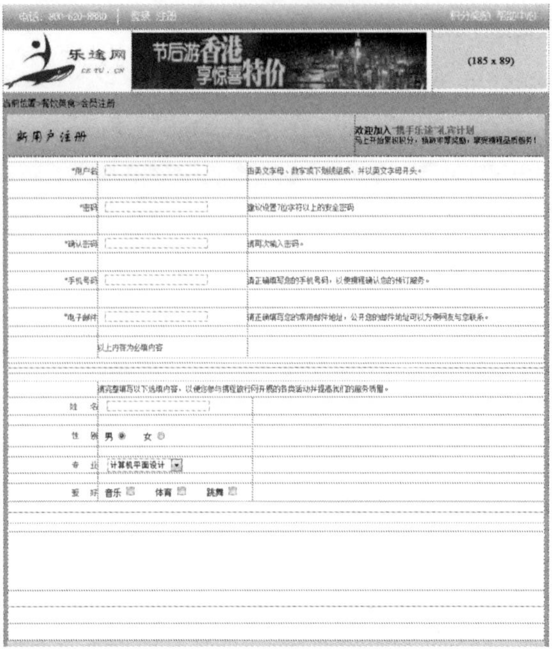

图 11-17　插入“复选框”

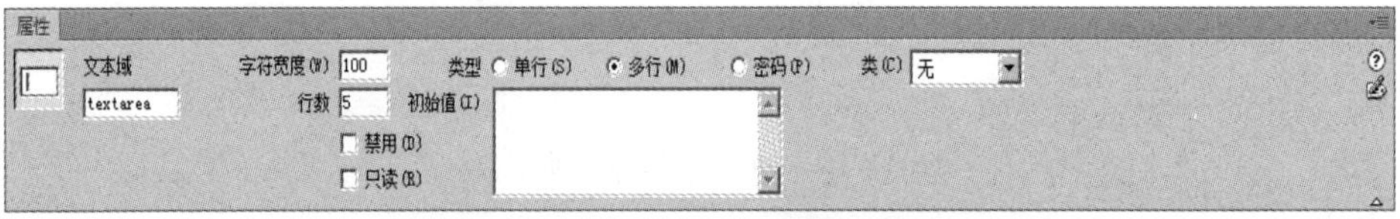

图 11-18　设置“文本区域”属性

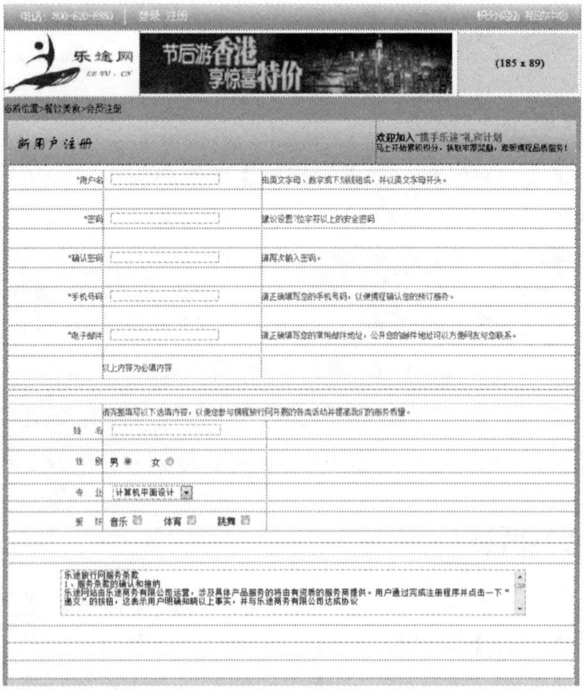

图 11-19　插入“文本区域”

11.2.8 插入提交按钮

步骤 1 将光标定位于表单第 23 行，执行【插入】|【表单】|【按钮】命令，弹出【输入标签辅助功能属性】对话框，单击"确定"按钮，插入按钮。

步骤 2 选中所插入的按钮，在【按钮】属性面板中，将动作设置为"提交表单"，将值设置为"同意以上条款，提交注册信息"，如图 11-20 所示。

图 11-20 设置"按钮"属性

步骤 3 在【文档】菜单中单击"在浏览器中浏览"按钮 ，预览效果如图 11-2 所示。

11.3 知识链接

11.3.1 表单简介

表单是 Internet 用户同服务器进行信息交流的重要工具，是实现交互式网络浏览方式的重要手段，表单负责采集数据的功能。利用表单可以实现网上搜索、网上调查、信息反馈、留言本、用户注册及登录的功能。

用户在表单的表单域中输入信息，通过提交操作将表单的信息提交给服务器，服务器对表单的信息进行处理，并将处理的结果生成 HTML 文件然后传递给用户。

总之，表单是网站的主要构成部分，我们几乎在各网站上都能够看到表单的存在。

表单主要有三部分构成：表单标签、表单域、表单按钮。

11.3.2 创建表单

▶1. 创建表单

在插入表单元素之前，首先要创建表单，步骤如下。

步骤 1 将光标置于要插入表单的位置，执行【插入】|【表单】|【表单】菜单命令，创建表单。在 Dreamweaver CS6 编辑窗口即显示表单，为红色虚线框，如图 11-21 所示。

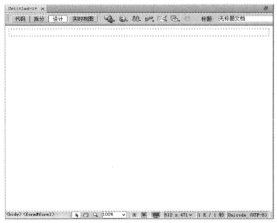

图 11-21 插入"表单"

步骤2　选择表单，在【表单】属性面板中设置表单的属性，如图11-22所示。

图11-22　设置"表单"属性

【表单】属性面板中各选项的功能如下。

- 表单ID：设置表单ID名称，用于标识表单。
- 动作：在此处可输入一个URL地址，当表单域对象发生动作时，表单的内容就能跳转到此地址。也可在此处设置一个E-mail地址，但要在E-mail地址前添加mailto:，这样表单中的内容就发送到此电子邮箱中。
- 目标：指定表单提交后文档所显示的位置。有四个选项，分别如下。

　_blank 表示在一个新的浏览器窗口打开指定的文档。

　_self 表示在指向这个目标的元素的相同的框架中打开文档。

　_parent 表示把文档调入当前框的直接的父FRAMESET框中。

　_top 表示把文档调入原来的最顶部的浏览器窗口中。

- 方法：设置将表单内容提交到服务器的方法，有三个选项，分别是POST、GET和默认。
- 编码类型：默认值为"application/x-www-form-urlencode"；另一种是"multipart/form-data"。

提示：

当在一个表单中需要插入多项元素时，应在表单中先插入表格，再在表格中插入各种表单元素，使表单成为一个整体。

2．插入文本域

在文档中插入表单后，可在表单中插入文本或表单对象。文本域包括三种类型：分别是单行文本框、多行文本域和密码域。添加文本域的步骤如下。

步骤1　将光标置于要添加文本域的位置，执行【插入】|【表单】|【文本或】菜单命令，弹出【输入标签辅助功能属性】对话框，如图11-23所示。

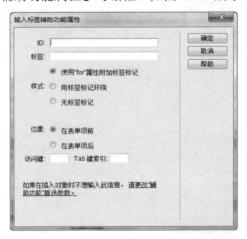

图11-23　【输入标签辅助功能属性】对话框

步骤 2 选择默认值，单击"确定"按钮，可添加文本域，如图 11-24 所示。

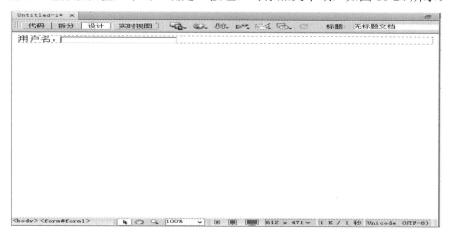

图 11-24 插入"文本域"

步骤 3 选择文本域，在【文本域】属性面板中，设置参数，如图 11-25 所示。

图 11-25 设置"文本域"属性

【文本域】属性面板中各选项的功能如下。

● 文本域：设置文本域的名称。

● 字符宽度：设置文本域所显示的字符数。

● 最多字符数：设置所选文本域能输入的最大字符数。

● 类型有以下 3 种。

　单行：设置文本域为单行文本框，一般输入文字较少时使用，如图 11-25 所示。

　多行：设置文本域为多行文本框，多行文本框有滚动条，可设置多行文本框的行数，一般输入文字较多时使用，如图 11-26 所示。

　密码：设置文本域为密码的格式，密码框预览效果如图 11-27 所示。

● 初始值：设置文本域显示的初始文本。

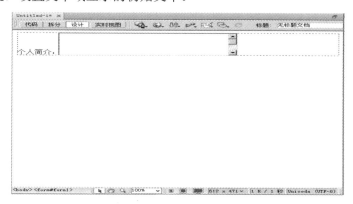

图 11-26 插入"多行文本框"

3. 插入文件域

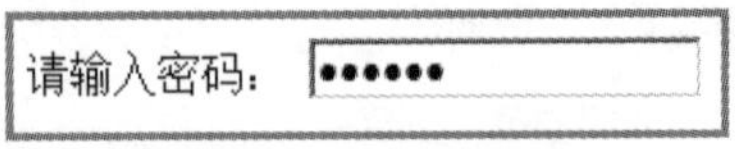

文件域可以实现文件上传的功能，用户可以从
本地磁盘中选择文件，通过表单的文件域上传。文

请输入密码： ●●●●●●

图 11-27　密码框预览效果

件域由文本框和浏览按钮构成，用户可以在文本框中直接输入要上传文件的地址，也可
通过单击浏览按钮选择要上传的文件。插入文件域的步骤如下。

步骤 1　将光标置于要插入文件域的位置。选择【插入】|【表单】|【文件域】菜单
命令即可插入文件域，如图 11-28 所示。

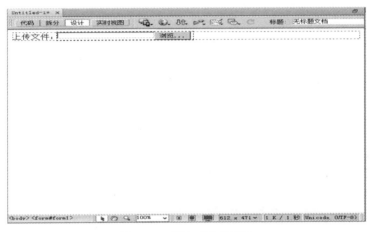

图 11-28　插入"文件域"

步骤 2　选择文件域，在【文件域】属性面板中设置其属性，如图 11-29 所示。

图 11-29　设置"文件域"属性

【文件域】属性面板中各选项的功能如下。

- 文件域名称：设置文件域的名称。
- 字符宽度：设置文件域可显示的字符数。
- 最多字符数：设置文本框中最多能输入的字符个数。

4. 插入单选按钮和复选框

在表单中，如果用户在几个选项中选择其中一个选项的时候，可以使用单选按钮；
如果要选择多个选项的时候，可以使用复选框。

（1）添加单选按钮，步骤如下。

步骤 1　将光标置于要插入单选按钮的位置。执行【插入】|【表单】|【单选按钮】
菜单命令，即可插入单选按钮，效果图如图 11-30 所示。

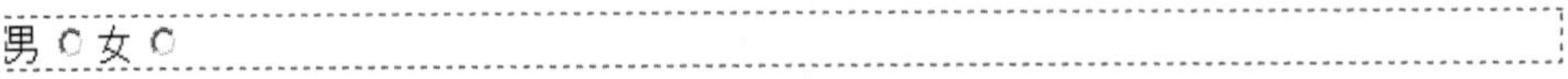

男 ○ 女 ○

图 11-30　插入"单选按钮"

步骤 2　选中单选按钮，在【单选按钮】属性面板中设置其属性，如图 11-31 所示。

图 11-31　设置"单选按钮"属性

【单选按钮】属性面板中各选项的功能如下。

● 单选按钮：设置单选按钮的名称。

● 选定值：设置单选按钮的值。

● 初始状态：设置页面首次打开时单选按钮是否已经选中。

（2）添加复选框，步骤如下。

步骤 1　将光标置于要插入复选框的位置。执行【插入】|【表单】|【复选框】菜单命令，即可插入复选框，效果图如图 11-32 所示。

爱好：音乐□ 体育□ 跳舞□

图 11-32　插入"复选框"

步骤 2　选中复选框，在【复选框】属性面板中设置其属性，如图 11-33 所示。

图 11-33　设置"复选框"属性

【复选框】属性面板中各选项的功能如下。

● 复选框名称：设置复选框的名称。

● 选定值：设置复选框的值。

● 初始状态：设置页面首次打开时复选框内容是否被选中。

▶5．插入单选按钮组和复选框组

使用单选按钮组选项和复选按钮组选项也可以添加单选按钮和复选框，使用单选按钮组和复选按钮组添加更加方便快捷。

（1）添加单选按钮组的方法如下。

将光标置于要插入单选按钮组的位置。执行【插入】|【表单】|【单选按钮组】菜单命令，在弹出的对话框中添加单选按钮组的各参数，如图 11-34 所示，单击"确定"按钮，即可插入单选按钮组。

图 11-34　【单选按钮组】对话框

【单选按钮组】属性面板如图 11-35 所示，其中各选项的功能如下。

图 11-35 【单选按钮组】属性面板

- 名称：设置单选按钮组的名称。
- 单选按钮：在次对话框中，中间方框里包含了此单选按钮组中所有的单选按钮，默认的选项有两个，在"标签"栏中设置单选按钮的文字说明，在"值"里面设置单选按钮的值，单击 ➕ 按钮可以为单选按钮组添加单选按钮，单击 ➖ 按钮可以删除单选按钮组中的单选按钮，单击 🔼 和 🔽 按钮可以为单选按钮组排序。
- 布局，使用：设置单选按钮的换行方式，"换行符（
标签）"表示单选按钮在网页中直接换行；"TABLE"表示将自动插入表格安排单选按钮换行。

（2）添加复选框按钮组的方法如下。

将光标置于要插入复选框组的位置。执行【插入】|【表单】|【复选框组】菜单命令，在弹出的对话框中添加复选框组的各参数，如图 11-36 所示，即可插入复选框。

图 11-36 【复选框组】对话框

【复选框按钮组】属性面板如图 11-37 所示，其中各选项的功能如下。

图 11-37 【复选框按钮组】属性面板

- 名称：设置复选组的名称。
- 复选框：在次对话框中，中间方框里包含了此复选组中所有的复选框，默认的选项有两个，在"标签"栏中设置复选框的文字说明，在"值"里面设置复选框的值，单击 ➕ 按钮可以为复选组添加复选框，单击 ➖ 按钮可以删除复选组中的复选框，单击 🔼 和 🔽 按钮可以为复选组排序。
- 布局，使用：设置复选框的换行方式，"换行符（
标签）"表示复选框在网页中直接换行；"TABLE"表示将自动插入表格安排复选框换行。

◆6．插入按钮

表单中的按钮主要包括提交按钮、重置按钮和普通按钮，提交按钮用于提交表单的内容，重置按钮用于重新填写表单内容，普通按钮可以用来控制其他定义了处理脚本的处理工作。在表单中插入按钮的步骤如下。

步骤 1 将光标置于要添加表单按钮的位置。执行【插入】|【表单】|【按钮】菜单命令，即可插入按钮，按钮插入效果如图 11-38 所示。

图 11-38 插入"按钮"

步骤 2 选中插入的按钮，在【按钮】属性面板中，可以设置表单按钮的属性，如图 11-39 所示。

图 11-39 设置"按钮"属性

【按钮属性】面板中各选项的功能如下。

● 按钮名称：设置按钮的名称。

● 值：设置按钮上所显示的文本。

● 动作：设置按钮的类型，有三个选项：提交表单、重设表单和无。

◆7．插入列表和下拉菜单

列表和下拉菜单可以让用户在同一位置上进行多项选择，列表提供滚动条，用户可以选择一项内容，也可选择多项内容。

（1）插入"列表 / 菜单"，步骤如下。

步骤 1 将光标置于要添加列表和下拉菜单的位置。执行【插入】|【表单】|【列表 / 菜单】菜单命令，默认状态为插入一个下拉菜单，如图 11-40 所示。

图 11-40 插入下拉菜单

步骤 2 选中插入的下拉菜单，在【列表 / 菜单】属性面板中选择"菜单"类型，并单击"列表值"按钮 列表值... 。

步骤 3 在弹出的【列表值】对话框中输入"项目标签"，如图 11-41 所示。

图 11-41 【列表值】对话框

提示：

输入"项目标签"时，单击"加 ➕ / 减 ➖"按钮可以添加或删除"列表 / 菜单"项，单击"向上 🔼 / 向上 🔽"按钮可以为"列表 / 菜单"项排序。

步骤 4　单击"确定"按钮，插入的下拉菜单效果如图 11-42 所示，预览效果如图 11-43 所示。

图 11-42　输入"项目标签"后的下拉菜单

图 11-43　预览下拉菜单

（2）设置"列表 / 菜单"属性，步骤如下。

【列表 / 菜单】属性面板如图 11-44 所示，其中各选项的功能如下。

图 11-44　【下拉菜单】属性面板

- "列表 / 菜单"：设置列表或菜单的名称。
- 类型：设置列表或菜单的属性，有以下 2 种选择。

  菜单：在表单中以下拉菜单的形式显示，属性面板如图 11-44 所示。

  列表：在表单中以列表的形式显示，属性面板如图 11-45 所示，此时增加"高度"和"选定范围"两个选项，高度选项设置列表所显示的个数，选定范围选项设置列表中允许选择的个数，勾选"允许多选"项，可同时选择列表中的多项内容。

- 列表值：设置"列表 / 菜单"的列表项或菜单项，单击"列表值"按钮，打开【列表值】对话框，可以输入"项目标签"内容。

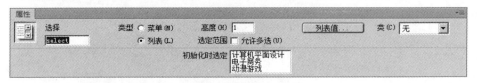

图 11-45　【列表】属性面板

8. 插入其他表单对象

除了上述表单对象之外，还有隐藏域和跳转菜单等表单元素。

（1）隐藏域。隐藏域对于网页浏览者是看不到的，在浏览器中不能够显示，主要用于实现浏览器同服务器在后台隐藏地交换信息。添加隐藏域的步骤如下。

步骤 1　将光标置于要添加隐藏域的位置。执行【插入】|【表单】|【隐藏域】菜单命令。

步骤 2 选中隐藏域，在【隐藏域】属性面板设置隐藏域属性，如图 11-46 所示。

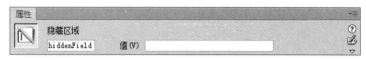

图 11-46 【隐藏域】属性面板

隐藏域属性面板中各选项的功能如下。

- 隐藏区域：设置隐藏区域的名称。
- 值：设置隐藏区域的值。

（2）跳转菜单。跳转菜单是表单中的弹出菜单，对站点访问者可见，并列出链接到文档或文件的选项。

可以创建到整个 Web 站点内文档的链接、到其他 Web 站点上文档的链接、电子邮件链接、到图形的链接，也可以创建到可在浏览器中打开的任何文件类型的链接。添加跳转菜单的步骤如下。

将光标置于要添加跳转菜单的位置。执行【插入】|【表单】|【跳转菜单】菜单命令，在弹出的【插入跳转菜单】对话框中，如图 11-47 所示，单击"确定"按钮，即可插入跳转菜单。

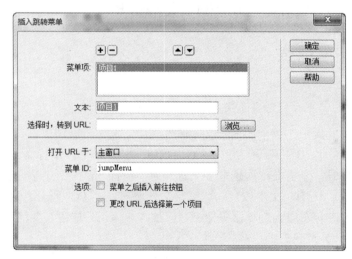

图 11-47 【插入跳转菜单】对话框

【插入跳转菜单】中各选项功能如下。

- 菜单项：设置跳转菜单的内容，单击"加 ➕ / 减 ➖"按钮可以添加或删除菜单项；单击"向上 🔼 / 向上 🔽"按钮可以为菜单项排序。
- 文本：设置跳转菜单项所显示的文字内容。
- 选择时，转到 URL：设置当单击跳转菜单项时所链接到的 URL 值，此选项后有一个文本框和"浏览"按钮，可以在文本框中直接输入 URL 地址的值，也可选择"浏览"按钮在弹出的【选择文件】对话框中选择要链接的文件。
- 打开 URL 于：设置所链接的文件打开的位置，有四个选项。

_blank 将链接的文件在一个未命名的新浏览器窗口中显示。

_parent 将链接的文件在该链接的框架的父框架集或父窗口中显示，如果包含链接的框架不是嵌套的，则链接文件加载到整个浏览器窗口中。

_self 将链接的文件在的同一框架或窗口中显示，此目标是默认的，所以通常不需要指定它。

_top 将链接的文件加载到整个浏览器窗口中，因而会删除所有框架。

● 菜单 ID：设置跳转菜单的 ID 值。

选中跳转菜单，【跳转菜单】与【列表 / 菜单】具有相同的属性面板，属性设置方法相同。

11.4 总结提升

表单是动态信息交换的灵魂，主要用于采集用户信息，并完成数据在客户端与服务器端传输，表单是客户与服务器之间实现沟通的桥梁。如果要实现表单的数据传输功能，还需要服务器的配合才行。

本项目以"乐途网"为例，介绍了表单创建方法，包括表单的创建以及表单元素的创建等内容。通过本项目的学习，读者可以学会如何创表单，并在表单中插入文本框、文本域、下拉列表、单选按钮、单选按钮组等表单元素。

11.5 拓展训练

一、选择题

1. 下列表单元素中，哪个不属于文本域？（　　　）

A. 多行　　　　　B. 密码　　　　　C. 按钮　　　　　D. 单行

2. 设计表单时，当需要一次选取多个选项时，应插入（　　　）表单元素？

A. 复选框　　　　B. 文本域　　　　C. 文件域　　　　D. 列表 / 菜单

3. 要将表单内容发送到远端服务器上，应插入（　　　）按钮？要清除现有的表单内容，应插入（　　　）按钮？

A. 重置　　　　　B. 单选　　　　　C. 多选　　　　　D. 提交

二、填空题

1. 表单是 Internet 用户同服务器进行信息交流的重要工具，是实现_____浏览方式的重要手段，表单负责采集数据的功能。

2. 每个表单都是由_____和_____构成的。

三、简述题

1. 表单有哪些作用？

2. 插入密码域的方法是什么？

四、实践题

1. 制作"首页"左部 3 个表单及"餐饮美食"页面。

2. 运用本项目所学的知识，制作乐淘网"在线注册"页面，如图 11-48 所示。在"新用户注册"表单中插入了"文本域"、"文本区域"、"按钮"、"复选框"、"单选按钮"及"列表/菜单"等表单元素。

图 11-48 "在线注册"页面效果

项 目 *12*

网站的测试与发布

知识要点

★ 掌握网站测试的方法
★ 了解域名和空间的申请方法
★ 掌握网站的发布方法
★ 了解网站的宣传、推广以及维护与更新

12.1 网站测试

12.1.1 检查站点链接

步骤 1 启动 Dreamweaver CS6，在"乐途网"站点中，从【文件】面板中选择站点根目录，如图 12-1 所示。

图 12-1 【文件】面板

步骤 2 执行【窗口】|【结果】|【链接检查器】菜单命令，弹出【链接检查器】面板，如图 12-2 所示。

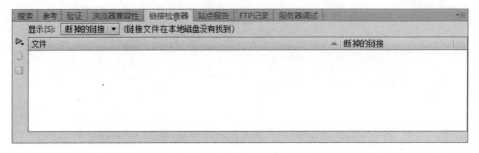

图 12-2 【链接检查器】面板

步骤 3 在【链接检查器】面板中的"显示"下拉列表中，选择【断掉的链接】|【检查整个当前本地站点的链接】命令项，将显示检查结果，如图 12-3 所示。

图 12-3 链接检查结果

步骤 4 在【链接检查器】面板的检查结果中选中需要修复链接的文件，在"断掉的链接"列中单击，即可激活其文本编辑状态，修改链接，如图 12-4 所示。

图 12-4 修改断掉的链接

12.1.2 检查浏览器的兼容性

步骤 1 在"乐途网"站点中，执行【文件】|【检查页】|【浏览器兼容性】菜单命令，弹出【浏览器兼容性】面板，如图 12-5 所示。

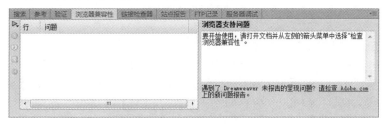

图 12-5 【浏览器兼容性】面板

步骤 2 在"乐途网"站点中，从【文件】面板中选择站点根目录，在【浏览器兼容性】面板中，单击左上角的"检查浏览器兼容性"按钮 ▷，，在弹出的菜单中选择"浏览器兼容性"选项，即可开始检查，此时会在下面的列表框中显示不兼容的页及相应的属性，如图 12-6 所示，下图的结果显示不存在不兼容问题。

图 12-6 浏览器兼容性的检查结果

12.1.3　使用站点报告测试站点

步骤 1　在"乐途网"站点中，执行【站点】|【报告】菜单命令，弹出【报告】对话框，如图 12-7 所示。

图 12-7　【报告】对话框

步骤 2　在【报告】对话框中，选择"HTML 报告"，勾选"可合并嵌套字体标签"、"多余的嵌套标签"和"可移除的空标签"复选框。

步骤 3　在【报告】对话框中，单击"运行"按钮，创建站点报告，如图 12-8 所示。

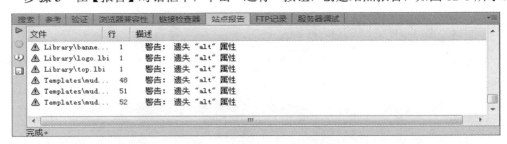

图 12-8　站点报告运行结果

步骤 4　在【站点报告】面板中，选择报告中的任意一行，然后单击【站点报告】面板左侧的"更多信息"按钮，信息即会出现在【参考】面板中，如图 12-9 所示。

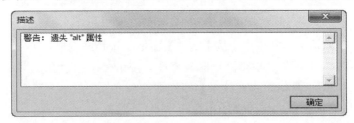

图 12-9　站点报告的信息描述

步骤 5　单击【站点报告】面板左侧的"保存报告"按钮，保存该报告。

12.1.4　生成设计备注

步骤 1　在"乐途网"站点中，执行【站点】|【管理站点】菜单命令，弹出【管理

站点】对话框，如图 12-10 所示。

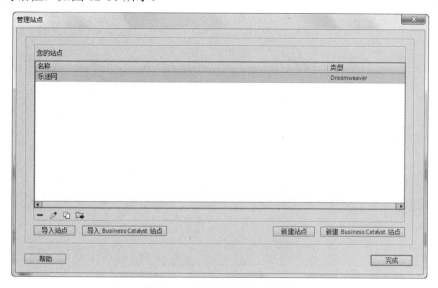

图 12-10 【管理站点】对话框

步骤 2 在【管理站点】对话框中，选择"乐途网"站点，单击"编辑"按钮，弹出【站点设置对象】对话框，如图 12-11 所示。

步骤 3 在【站点设置对象】对话框中，单击列表中的"高级设置"选项，从展开的选项中选择"设计备注"项；在右侧的"设计备注"中选择"维护设计备注"。

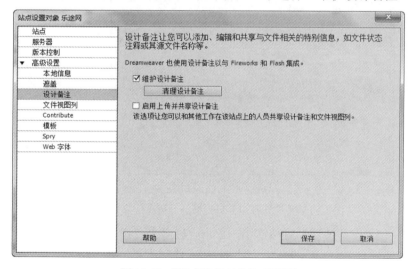

图 12-11 【站点设置对象】对话框

步骤 4 在【文件】面板中选中要设置设计备注的文件，单击鼠标右键，在快捷菜单中选择【设计备注】命令，弹出【设计备注】对话框，如图 12-12 所示。

步骤 5 在【设计备注】对话框中，选择"基本信息"选项卡中的"草稿"项，并在备注栏里填写说明文字。

步骤 6 在【设计备注】对话框中，选中"所有信息"选项卡，在"名称"文本框中填写关键字，在"值"文本框中填写关键字对应的值，然后单击 ✚ 按钮，将设置的这对

"名称-值"添加到"信息"窗格中，选择一个"键-值"对，然后单击■按钮可以将其删除，如图 12-13 所示。

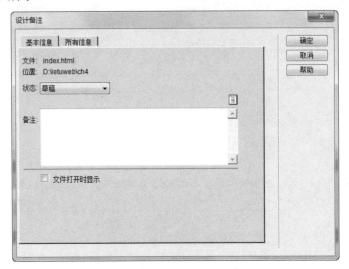

图 12-12 【设计备注】对话框

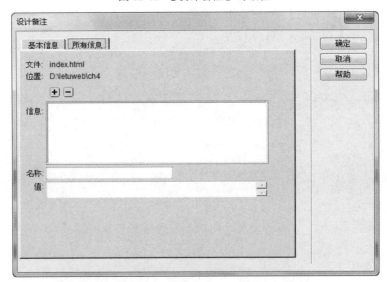

图 12-13 【设计备注】对话框的"所有信息"选项卡

步骤 7 在"设计备注"对话框中，单击"确定"按钮，保存设计备注。

12.2 网站的发布

网站的发布需要上传文件，步骤如下。

步骤 1 启动 Dreamweaver CS6，在"乐途网"站点中，执行【站点】|【管理站点】菜单命令，弹出【管理站点】对话框。

步骤 2 在【管理站点】对话框中，选择"乐途网"站点，单击"编辑"按钮，弹出【站点设置对象】对话框。

步骤3 在【站点设置对象】对话框的左侧列表中，选择"服务器"选项，然后单击"添加新服务器"按钮，在弹出的对话框里，依次填写"服务器名称"、"FTP 地址"、"用户名"、"密码"，"根目录"、如图 12-14 所示。最后单击"保存"按钮。

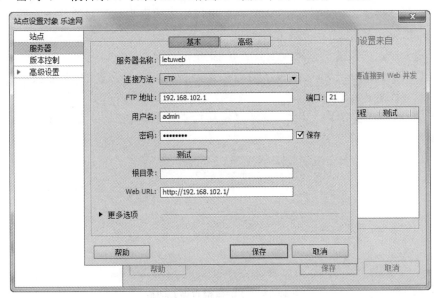

图 12-14 填写上传文件的远程信息

步骤4 在"乐途网"站点中，从【文件】面板中选中要上传的文件或文件夹，然后单击⬆按钮，上传文件，如图 12-15 所示。

步骤5 网站上传完成后，单击【文件】面板上方的"展开以显示本地和远端站点"按钮🗗，可以看到站点文件已被上传到主机目录。

图 12-15 【文件】面板

12.3 知识链接

Web 网站系统在完成所有网页的制作以后，并不能直接投入运行，必须进行全面、完整、严格的测试工作，包括检查站点链接、检查浏览器的兼容性、分辨率测试等多个方面的测试。测试完成以后，当网站能够稳定的工作时，设计开发人员必须为 Web 网站系统准备或申请充足的空间资源，以便 Web 网站系统能够发布到该空间中去进行运作，使之成为真正的站点，并应尽可能的宣传和推广自己的站点，并且，为了保证 Web 网站系统的正常运行和有效工作，发布以后的维护和更新工作是十分必要和重要的。

12.3.1 测试站点

▶ 1. 检查站点链接

一个大中型的网站拥有几十个、甚至上百个网页，很难保证网页中的所有链接是按指示的那样确实链接到了该链接的页面、所链接的页面是否存在，以及应用系统上没有孤立的页面。可以通过 Dreamweaver 内置的"链接检查器"功能来检查并修复网页中的无效或失效的链接文件。

（1）检查链接错误。"链接检查器"功能可以用来检查当前站点的单一文件、文件夹或者整个本地站点文件。

检查整个站点文档的链接错误的操作步骤如下。

步骤 1 启动 Dreamweaver CS6，在"乐途网"站点中，从【文件】面板中选中要检查的文件或文件夹。

步骤 2 执行【窗口】|【结果】|【链接检查器】菜单命令，弹出【链接检查器】面板，如图 12-16 所示。

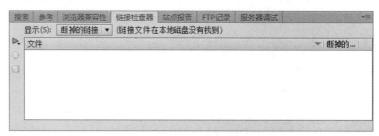

图 12-16 【链接检查器】面板

步骤 3 在【链接检查器】面板的"显示"下拉列表中，可以选择要检查的链接方式。

● 断掉的链接：检查文档中是否存在断开的链接，这是默认选项。

● 外部链接：检查文档中的外部链接是否有效。

● 孤立文件：检查站点中是否存在孤立文件。该选项只是在检查整个站点时才有效。

当从"显示"下拉列表中选择某个选项后，单击左上角的"检查链接"按钮 ，在弹出的菜单中选择相应命令。如选择【断掉的链接】|【检查当前文档中的链接】命令项，将显示检查结果，如图 12-17 所示。

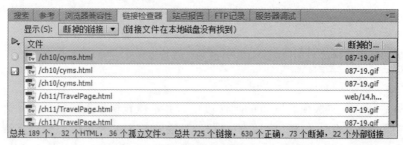

图 12-17 【链接检查器】的检查结果

如果需要，可以单击【链接检查器】面板上的"保存报告"按钮 ，将这些报告保存成一个文件。

（2）修复错误链接。可以通过【属性】面板和【链接检查器】来修复链接。

方法一：通过【属性】面板来修复链接。在【结果】面板中直接双击并打开需要修复链接的文件，然后切换到 Dreamweaver CS6 设计窗口中，按"Ctrl+F3"组合键，打开如图 12-18 所示的【属性】面板，在"链接"文本框中输入正确的链接路径即可。

图 12-18 在【属性】面板中修复链接

方法二：通过【链接检查器】来修复链接。首先在【结果】面板中选中需要修复链接的文件，在"断掉的链接"列中单击，即可激活其文本编辑状态，修改链接，如图 12-19所示。

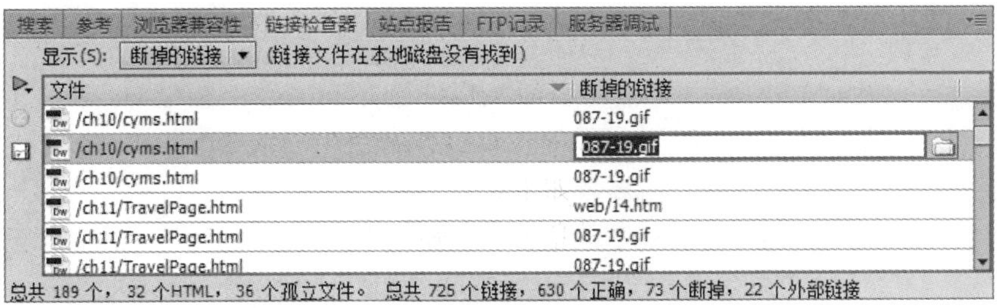

图 12-19 在【链接检查器】中修复链接

或者单击链接右侧的"浏览"按钮，弹出"选择文件"对话框，在其中选择要链接的文件。

2．检查浏览器的兼容性

浏览器的种类多种多样，要让网页在所有浏览器中都能被正确浏览是一件很不容易的事情，但是在 Dreamweaver CS6 中，检查浏览器的兼容性变得非常简便易行，因为Dreamweaver CS6 中的"检查浏览器兼容性"功能可以检测当前 HTML 文档、整个本地站点或站点窗口中的一个或多个文件或文件夹在浏览器中的兼容性，查看有哪些标签属性在浏览器中不兼容，以便对文档进行修正更改。

检查整个站点文档的浏览器兼容性的具体操作步骤如下。

步骤 1 执行【文件】|【检查页】|【浏览器兼容性】菜单命令，弹出【浏览器兼容性】面板，如图 12-20 所示。

图 12-20 浏览器兼容性面板

步骤 2 在【文件】面板中，从本地站点列表中选中要检查的目标对象，可以是文件或文件夹，如果对整个站点进行检查，请选中根目录。

步骤 3 在【浏览器兼容性】面板中，单击左上角的"检查浏览器兼容性"按钮 ，在弹出的菜单中选择"浏览器兼容性"命令，即可开始检查，如果存在不兼容问题，此时会在下面的列表框中显示不兼容的页及相应的属性，如图 12-21 所示，下图的结果显示不存在不兼容问题。

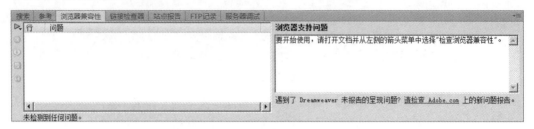

图 12-21　不兼容的页及相应的属性

▶▶ 3. 使用站点报告

在 Dreamweaver CS6 中，可以对当前文档、选定的文件或整个站点的工作流程或 HTML 属性运行站点报告，还可以使用报告来检查站点中的链接。

使用报告测试站点的具体操作步骤如下。

步骤1　执行【站点】|【报告】菜单命令，弹出【报告】对话框，如图 12-22 所示。

图 12-22　【报告】对话框

步骤2　在【报告】对话框中，从"报告在"下拉列表中选择要报告的内容，并设置要运行的任意一种报告类型（工作流程或 HTML）。

步骤3　如选择"HTML 报告"，则从以下报告中选择。

- 可合并嵌套字体标签：创建一个报告，列出所有可以合并的嵌套字体标签以便清理代码。
- 辅助功能：创建一个报告，列出该站点中的内容与 1998 年康复法案的第 508 款辅助功能准则之间的冲突。
- 没有替换文本：创建一个报告，列出所有没有替换文本的 img 标签。
- 多余的嵌套标签：创建一个报告，列出所有应该清理的嵌套标签。
- 可移除的空标签：创建一个报告，列出所有可以移除的空标签以便清理代码。
- 无标题文档：创建一个报告，列出在选定参数中找到的所有无标题的文档。

提示：

康复法案——在 1998 年，美国政府通过了 Section 508 of the Rehabilitation Act，要求联邦机构的电子信息对于残疾人是可访问的。这一法案提供了软件应用程序、Web 应用程序以及电信产品和视频产品的可访问性准则。

步骤4 在【报告】对话框中，单击"运行"按钮，创建报告，如图12-23所示。

图12-23 站点报告运行结果

步骤5 在【站点报告】面板中，查看报告的操作方法如下。

方法一：选择报告中的任一行，然后单击【站点报告】面板左侧的❶按钮，信息即会出现在【参考】面板中。

方法二：单击报告中的任一行，可以在"文档"窗口中查看相应的代码。

步骤6 单击【站点报告】面板左侧的█按钮，保存该报告。

4. 分辨率测试

计算机屏幕分辨率设置常用以下几种：800×600、1 024×768及1 280×800。如果在设计网页界面时使用的是1 024×768的分辨率，那么，千万不要忘记把分辨率设置为其他几种分辨率下来浏览网页界面，检测网页显示的效果是否正常，以免在其他分辨率下浏览时出现错位的现象。

5. 生成设计备注

设计备注是与文件相关联的备注，但存储于独立的文件中。可以使用设计备注来记录与文档关联的其他文件信息，如图像源文件名称和文件状态说明，也可以用来记录因安全原因而不能放在文档中的敏感信息。

生成设计备注的具体操作步骤如下。

步骤1 执行【站点】|【管理站点】菜单命令，弹出【管理站点】对话框。

步骤2 在【管理站点】对话框中，选择一个站点，然后单击"编辑"按钮，弹出【站点设置对象】对话框。

步骤3 在【站点设置对象】对话框中，点击列表中的"高级设置"选项，从展开的选项中选择"设计备注"；在右侧的"设计备注"中选择"维护设计备注"，如图12-24所示。

步骤4 执行【文件】|【设计备注】菜单命令，或在【文件】面板中，从本地站点列表中选中目标对象，可以是文件或文件夹，单击鼠标右键，在快捷菜单中选择"设计备注"项。弹出【设计备注】对话框，如图12-25所示。

步骤5 在【设计备注】对话框中，选中"基本信息"选项卡，从"状态"下拉列表中选择文档的状态。单击日期图标在备注中插入当前本地日期。在"备注"框中键入注释。选择"文件打开时显示"，即在每次打开文件时显示设计备注文件。

步骤6 在【设计备注】对话框中，选中"所有信息"选项卡，在"名称"文本框中填写关键字，在"值"文本框中填写关键字对应的值，然后单击➕按钮，将设置的这对"名称-值"添加到"信息"窗格中，选择一个"键-值"对，然后单击➖按钮可以将其删除，如图 12-26 所示。

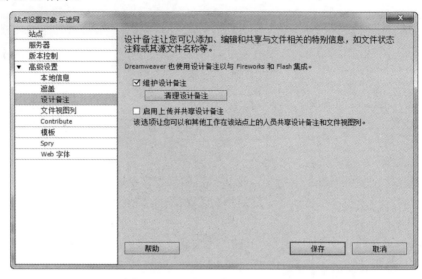

图 12-24 【站点设置对象】对话框

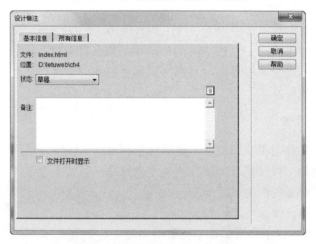

图 12-25 【设计备注】对话框

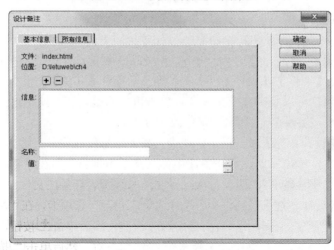

图 12-26 【设计备注】对话框的"所有信息"选项卡

步骤 7　在【设计备注】对话框中，单击"确定"按钮，保存设计备注。

12.3.2　发布站点

网页设计好并在本地站点测试通过后，必须把它发布到 Internet 上形成真正的网站，否则网站形象仍然不能展现出去。只有申请了域名和站点空间后，用户制作的网页才能发布到 Internet 上，供大家浏览。

▶ 1. 申请域名

域名是访问网络内容的一个地址，是企业、政府、非政府组织等机构或者个人在域名注册商上注册的名称，是互联网上企业或机构间相互联络的网络地址。域名一般分为国际域名和国内域名，国际域名后缀为.com，国内域名后缀为.cn、\com.cn、\net.cn、\org.cn 等。

在申请注册之前，必须先检索自己选择的域名是否已经被注册，最简单的方式是上网查询。国际顶级域名可到国际互联网络信息中心 InterNIC(http://www.internic.net)的网站上查询，国内顶级域名可到中国互联网络信息中心 CNNIC(http://www.cnnic.net.cn)的网站上查询。如用户登录到 CNNIC 查询自己选择的国内顶级域名，如图 12-27 所示。

图 12-27　中国互联网络信息中心网站

在域名查询框中输入想要查询的域名，单击"查询"按钮。如果已经被他人注册，将会出现域名、域名注册单位、管理联系人等提示信息。如果没有被注册，将会出现"你所查询的信息不存在"的提示信息，这时就可以申请注册该域名了。

用户登录 CNNIC 网站后，填写相应的域名注册申请表并提交，CNNIC 会对用户提交的申请表进行在线检查，填写完毕后"注册"即可。

2. 申请空间

一般俗称的"网站空间"就是专业名词"虚拟主机"的意思。网站需要有一个"虚拟主机"，俗称空间，来放置制作好的网站内容、图片、声音、影像等。

申请空间与申请域名一样，个人网站空间也有收费和免费两种，但免费的很少，并提供的空间较小，个人网站可选择免费空间，企业、公司、专业性网站、行业性网站或需要较稳定的运行环境的网站最好选择收费的网站空间。

申请空间的过程大同小异，首先打开提供主页空间的网站，选择该网站主页空间的类型（就是根据主页空间的容量、技术支持情况、是否提供邮箱以及收费标准等划分的级别），然后根据网站提示，填写申请表格，其中用户名以后就是网站名的一部分了，可根据提示一步步完成空间的申请，然后上交申请表格，网站即有回复给申请者，告诉申请者一些相关事宜，包括：服务器名、用户名、指定密码和修改密码的办法以及注意事项等。

250

3. 发布站点

申请了网页空间以后，可以把制作好的本地网站文件上传到网页空间中，即发布站点。使用 Dreamweaver CS6 的站点管理上传网页的具体过程如下。

步骤1 执行【站点】|【管理站点】菜单命令，弹出【管理站点】对话框。

步骤2 在【管理站点】对话框中，选择要上传的站点，然后单击"编辑"按钮，弹出【站点定义】对话框。

步骤3 在【站点定义】对话框的"高级"选项卡中，从左侧的"分类"列表中选择"远程信息"选项，设置远程站点的相关信息，如图 12-28 所示。

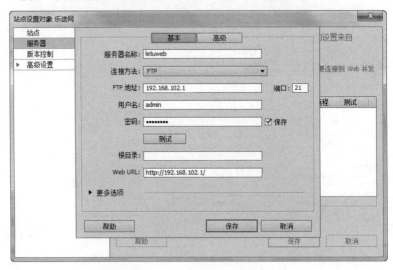

图 12-28　设置远程站点的相关信息

在此对话框中的设置如下。

访问：选择在本地和远程文件夹之间传输文件时使用的访问方法，如选择 FTP。

● FTP 主机：输入要上传到的 FTP 主机的 URL。

● 主机目录：输入在远程站点上存储公开显示的文档的主机目录（文件夹）。

● 登录：输入用于连接到 FTP 服务器的登录名。

● 密码：输入用于连接到 FTP 服务器的密码。

● 测试：单击"测试"按钮，测试与服务器连接，如果连接成功将弹出登录信息。

● 取出名称和电子邮件地址：启用存回和取出时设置。

步骤 4 从【文件】面板中选择要上传的文件或文件夹，然后单击⬆按钮，上传文件，即发布网站。

4．网站的宣传与推广

网站发布以后，为了吸引更多的浏览者，增加访问量，必须对网站进行宣传和推广。网站的宣传和推广有很多种方式。下面介绍常用的几种网站的推广方式。

（1）注册加入搜索引擎。网站推广的第一步是要确保浏览者可在主要搜索引擎里检索到用户的站点，主要的搜索引擎如：http://www.baidu.com（百度）、http://www.google.com（谷歌）等。让浏览者在搜索引擎里快速找到用户站点的最好方法是到大型网站去注册，用户只需要购买注册的关键字，就可以在各大型网站的搜索引擎中加入网站的关键字，然后，在用户自己的网站中高频率地使用关键字。

（2）广告交换。广告交换是宣传网站的一种较为有效的方法。登录到广告交换网，填写一些主要的信息，如广告图像、网站网址等，之后它会要求将一段 HTML 代码加入到网站中。这样广告条就可以在其他网站上出现。

（3）交换链接。 交换链接表现形式有多种，可以是友情链接，也可以是广告的交换和内容版块的交换等。

（4）登录导航站点。现在国内有大量的网址导航类站点，如：http://www.hao123.com 或 http://www.265.com 等。

除此之外，还有会费广告、发布邮件及在专业论坛上发表消息等。

5．网站的维护与更新

（1）网站的维护。随着站点规模的扩大，对站点的维护也变得比较困难，很多大型专业网站拥有成千上万的文件，需要将站点分派给多人共同维护，对于多个维护人员之间的协同合作问题，可以利用 Dreamweaver CS6 中的取出和存回特性。

所谓的"取出"，就是将当前文件的权限归属自己所有，只供自己编辑。被取出的文件对别人来说是只读的。

"存回"有两个主要功能：一是将"取出"的文件恢复正常，其他人也可以对这个文件进行修改；二是将本地站点的文件进行只读保护，防止误修改。

"取出文件"和"存回文件"以后，Dreamweaver CS6 会在被"取出"文件的同级目录下产生一个".lck"文件，该文件时隐藏文件，用来记录"取出"信息，可将其删除。

取出和存回文件的具体操作步骤如下。

步骤 1 在【文件】面板的"远端站点"列表中选择要取出的文件，单击⬇按钮，即可将所选文件取出。

步骤 2 在【文件】面板的"本地文件"列表中，先选择已经被取出的文件，然后单击"存回文件"按钮🏠即可存回文件。

（2）网站的更新。一个网站，只有不断更新才会有生命力，人们上网无非是要获取所需信息，只有不断提供人们所需要的内容，才能有吸引力。网站应当经常有吸引人的、有价值的内容，让人能够经常访问。在网站栏目设置上，最好将一些可以定期更新的栏目放在首页，使首页的更新频率更高些。

12.4 总结提升

网站的测试与发布是建立网站的重要工作。一个网站开发完成后必须经过认真的测试才能发布，以免浏览网站出现一些错误。一个网站要发布在服务器上去，才能被他人浏览。本项目主要介绍了网站的测试、申请域名和空间、网站的发布、网站的宣传与推广、网站的维护与更新。

12.5 拓展训练

一、选择题

1．在网页中，链接是必不可少的，而往往在链接的更改和维护过程中难免会出现错误，因此 Dreamweaver 提供了一个（   ）的功能。

A．检查链接　　　　　　　B．外部链接　　　　C．孤立文件

2．在生成站点报告中，（   ）报告可以列出应该清理的嵌套标签。

A．可合并嵌套字体标签　　　B．多余的嵌套标签　　C．可移除的空标签

3．国际域名的后缀是（   ）。

A．.com　　　　　　　　　B．.cn　　　　　　　C．.net

二、填空题

1．修复错误链接的方法有：_____和_____。

2．域名一般分为_____和_____。

3．宣传网站的常用方法有：_____、_____、_____、_____等。

三、简述题

1．如何对站点中的链接进行测试？

2．站点发布后还要做哪些工作？

四、实践题

对制作完成的网页进行站点测试，并申请免费的域名和空间，然后通过 Dreamweaver CS6 发布出去。

参 考 文 献

[1] 谭甄军，刘斌. 中文版 Dreamweaver+Flash+Photoshop 网页制作从入门到精通（CS3 版）[M]. 北京：清华大学出版社，2008.

[2] 陈清谅，吴琦，冯明卿. 网页设计与制作三合一实用教程[M]. 北京：中国电力出版社，2004.

[3] 李健宏，李广振. Web 编程基础[M]. 北京：北京大学出版社，2008.

[4] 王学军. 网页设计与制作[M]. 北京：人民邮电出版社，2009.

[5] 力行工作室. Dreamweaver CS4 中文版完全自学教程[M]. 北京：中国水利水电出版社，2009.